0-6歲好眠全指南

搞定小孩子，爸媽好日子

吳家碩
王佑筠 著

推薦序

那無數個與寶寶共度的夜晚

文／曾心怡臨床心理師（初色心理治療所副所長）

首先想詢問翻開這本書的讀者，是不是很希望趕快知道「寶寶到底什麼時候才睡過夜」呢？

別急，你們在意的事，作者都懂。

看完文稿的我忍不住想：「如果我的孩子還小時就能有這本書多好！」

猶記孩子出生的第一晚，剖腹產後打完止痛針，模模糊糊地醒來，還有些不確定自己在哪裡時，看到先生抱著寶寶有點焦急說：「他現在是不是餓了？」趕緊手忙腳亂忍著傷口疼痛地哺餵母乳。孩子還不太會喝，急著大哭，我也急得滿頭汗。焦急背後有自責，有心疼，當然還有很多的愛。那是一個放下我自己，用母親這個身分去理解寶寶的開始。

摸索的日子裡，有問題時忍不住查查網路，特別是寶寶半夜不睡時。老二出生後的頭四個月，哄睡中準備放下他時，他會馬上偵測到「這是床不是媽媽！」然後開始大哭。於是我只能抱著他，斜靠在懶骨頭上直到他睡著，我自己也這樣睡到起床上班。

有人說寶寶大概四個月後睡過夜，有人說睡前喝配方奶可以撐比較久才醒來喝夜奶，有人說要維持固定餵奶時間才容易讓寶寶出現生活規律……好多好多有人說。但我發現，我想要的不只是經驗分享，我需要的是知識上的參考可以告訴我：寶寶這些狀況都是正常合理的，不需擔心。

媽媽要的好像很多，最終期盼的往往很單純，那就是寶寶能夠平安健康長大。因此，關於寶寶的睡眠狀況，自然是爸媽特別關心的問題，除了希望能夠讓寶寶一夜好眠，也讓照顧者能夠得到充分的休息，更期待得知寶寶的睡眠狀況是正常的，不會因為睡太少或睡太多而影響了成長或進食。

我的孩子都超過六歲了，因此看完《〇～六歲好眠全指南》的我，格外能夠把這幾年孩子的睡眠與作息狀況和書中描述相互映照。

比如說，我花了一些時間摸索的鬧睡哭泣，書裡幫忙詳列了「睡眠暗號」與「疲累訊號」，只要抓準「睡眠暗號」來安撫寶寶，就可以讓寶寶穩定且平靜地入睡；若等到睡眠暗號過了，出現了情緒強度較強的「疲累訊號」才開始哄睡，爸媽就得花上較大的心力才能安撫寶寶入眠。類似這樣詳細的概念，能讓新手爸媽省去好多心力、苦苦摸索孩子想要表達的意思。

最後想告訴每位正在和寶寶睡眠奮戰的爸媽：所有的歷程都不會白走，每一步理解寶寶的過程都是愛的連結與展現，而這本書將是你們的絕佳戰友。

推薦序

睡眠樣態百百種，一書在手全掌握

文／陳品皓臨床心理師（米露谷心理治療所執行長）

讀研究所時，我修過一門睡眠心理學的專題研究，整個學期下來只有一個感想——睡眠實在是神奇又奧妙，占去我們一輩子將近三分之一的時間不說，不僅運作機制複雜，而且對生活影響的層面實在太大了。

當時我研讀的內容主要是成人的睡眠狀態，等到自己與朋友們陸陸續續當了新手家長，有段時間看著同事每天帶著黑眼圈、有氣無力地來上班，大家全了然於胸。照顧新生兒不只勞心勞力，尤其是嬰兒到孩子學齡前的作息與睡眠常常變動不定，加上又是心理健康的重要發展階段，往往同時伴隨著許多常見問題，如尿床、夜驚、怕黑、分離焦慮、3C使用等，讓爸爸媽媽在照顧與教養的過程中增添不少壓力。

所有的爸媽都處在既要照顧孩子的生理，也想呵護孩子心理的期待之中，但放眼望去，坊間介紹〇～六歲階段、睡眠與心理發展兼具的相關書籍實在不多，本土專業著作更是鳳毛麟角，只能這邊找一點，那邊看一些，始終不確定什麼才是重點。好在家碩所長與佑筠心理師合著的大作終於上市，讓我們有機會在睡眠與心理的謎團中撥雲見日，一探究竟。

家碩所長是國內睡眠心理學領域的重量級專家，相關著作不及備載，凡是睡眠相關的心理疑難，找家碩就好說。佑筠心理師在兒童青少年領域扎實工作了多年，累積的實務經驗與歷練，業界無不給予肯定。如今兩位專家結合各自強大的專業，帶領我們理解孩子在睡眠與心理的內在世界發生了什麼事情、為何如此，以及該怎樣因應。透過清晰明瞭的筆觸，深入細膩的觀察、圖文並茂的呈現，讓我們在輕鬆閱讀中就能獲得專業知識，進而在豁然開朗的明白中，更加理解、貼近孩子。

《〇～六歲好眠全指南》是一本清楚具體、觀點專業又深入淺出的優質佳作，但凡對孩子睡眠與心理有困擾或疑惑的家長，相信都能在其中找到解答。身為一個擁有多年資歷的臨床工作者，我在此由衷地向各位推薦這本好書，一起成為孩子生命的陪伴者。

作者序

那些在睡眠疆域中繪製地圖的日子

文／王佑筠

和家碩的合作，是從他經營 Facebook 粉專「睡眠管理職人」開始，那是二〇一七年了。當時同住的小姪女有異位性皮膚炎，陪伴她入睡的過程中，經歷了許多挑戰。照顧異膚寶寶的辛苦不只是經常性睡眠不足，更是層層疊疊的心力耗損。因此當家碩提議為爸爸媽媽們寫一本協助寶貝一夜好眠的書，並納入兒童心理發展過程中的重要議題，同時提供陪伴與安撫策略時，我便一口答應了。這一晃眼，已到了二〇二〇年，小姪女也從三歲走向六歲，剛好陪伴了一段從〇歲到六歲的日子！

雖然我們都聽過「要先照顧好自己，才能照顧好家人」，就如同在飛機上遇到亂流時，大人要先繫好自己的安全帶，才能確認孩子的安全帶。我相信很多爸媽可能覺得育兒比遇到亂流還讓人費心！更何況還沒有標準操作程序！「欸，我們何不試著製作一本標準操作手冊呢？」當這個想法油然而生時，我們的書寫也有了共識。讓爸媽們擁有一本協助寶貝一夜好眠且兼顧心理照顧，內附簡單好記口訣與步驟的操作手冊，成了我們努力建構的目標。

為了讓爸媽不只是讀完這本書，更可以善用這本書，我們除了按照年齡區分每一章，還整理了一份方便好用的摘要放在附錄。爸媽可以在寶貝〇～三個月時參考第一章的方法，更可以利用附錄預先瀏覽和快速了解四～七個月時可能會遇到的狀況。或者像我一樣，在小姪女三歲時才開始對〇～三歲的睡眠有更多的理解，並對過去育兒期遇到的困惑與挫折經驗釋懷。

不僅如此，書中架構的每一節都有我們用心的考量。當大人心中有各種情緒來回擺盪時，往往會對育兒產生迷惘，而育兒這條路上既甜蜜又挫折、被寶貝氣到抓狂的經驗，幾乎天天上演。還記得輪到我陪睡的那些夜晚，腦中還在煩惱工作的事務，一邊講睡前故事一邊有點分心，轉頭看見姪女的眼睛骨溜溜地轉啊轉，瞬間覺得萬分疲憊，忍不住催促她睡覺，事後又想「我應該要多多陪她的」而心生罪惡。「給爸媽的悄悄話」這一節的安排就是我們想讓爸媽知道，其實你們並不孤單；照顧孩子的同時，也想陪爸媽一起照顧自己的睡眠與感受。

我的工作會與許多孩子相處，看著他們從學齡前幼兒逐步走向青春期，心中很感謝得以運用心理學知識，在孩子生命的早期陪著他們走一段路。我知道，要是能夠關注孩子重要的發展議題，並善用陪伴安撫的語言，將協助孩子的情緒與人際適應更加穩定。而這個協助的角色，如果是由爸媽擔任，自然再好不過，所以真的有好多好多議題想在書中分享。儘管如此，我們仍嘗試去蕪存菁，聚焦在能促進孩子睡眠的心理發展議題上。特別是好用的策略如「親子共讀」，真的非常鼓勵大家試試看，在睡前儀式中安排繪本共讀，不只能安頓孩子的情緒，有效助眠，更能促進親子關係，真正是一舉數得！

寫序的時刻，又讓我回想起寫這本書的感覺，有好多話想說。此刻值得感謝努力克服過的那些難熬又疲憊的夜晚，努力理解過的那些崩潰又歡必霸的情緒，努力接納過的那些挫折與自責的感受。願育兒這條路上，這本書能成為爸媽們的燈塔，在黑暗中仍能找到前行的方向。願所有的爸爸媽媽與寶貝們，在下一次天光前，都能一夜好眠。

作者序

我也好奇為什麼小孩子的睡眠這麼難搞?!

文／吳家碩

之前讀了一篇睡眠醫學論文，裡面提到一個讓我覺得很驚人的數字。家長認為自家幼兒有睡眠問題的比例，臺灣高達七十％，遠高於西方國家的二十～三十％。數據差異之大除了讓人驚訝，也讓我一直在想是什麼原因導致了這樣的不同，因為不少東方國家同樣比例較高，都覺得家中幼兒有睡眠問題，如韓國、香港與中國。所以是地理環境因素嗎？還是文化差異呢？我想可能都是，更讓我想到其中可能存在許多可以討論與延伸的想法，也是我們想寫此書的原因之一。

小孩子的睡眠很難搞，是因為居家空間嗎？

這的確和現實生活環境息息相關。在臺灣，多數人的居住空間與生活習慣都是一家人住在同一層樓與同一空間裡，甚至有不少爸媽和小孩同房、同床，雖說就算有足夠空間讓小孩和爸媽各睡一間，但畢竟分床睡也不是一件容易的事。相對來說，西方的居住空間與生活習慣比較容易和小孩分開。

換言之，論文數據的背後反映的可能是家長過多的關注及擔心。臺灣家長就睡在小孩旁邊，他們的一舉一動時刻都受到關注，自然而然好像「覺得」小孩有較多的睡眠問題。反之在西方，家長睡在另一個房間甚至是別的樓層，或許不見得是小孩沒有睡眠問題，而是家長可能根本沒看到。

這件事讓我們想到，處理新手爸媽內心的情緒與想法，很可能是改善小孩睡眠的關鍵與任務之一，因此特別規劃了「給爸媽的悄悄話」這一節，著墨用意就是為了體貼新手爸媽的需求。

另一方面，我以臨床心理師與同為人父的雙重角色出發，觀察與研究如何管理小孩的睡眠時，相當好奇於為什麼現代爸媽往往特別關注小孩的睡眠問題？尤其是相較於上一個世代而言。現今的小孩真的有比較多睡眠問題嗎？我認為應該不是，更可能和現代時空的少子化、資訊爆炸化這兩大議題有關。

由於少子化，較多的資源與關心全給了家中獨一無二的寶貝。當然，這部分可能不完全是東西方文化的差異，畢竟少子化極可能是全球趨勢。而一旦我們投入更多關注，就和前述空間因素一樣，很可能就更容易放大且聚焦小孩的睡眠狀況，若是對小孩的睡眠相關知識理解不足，自然會帶來更多不安及擔心，也可能成為惡性循環。我們希望透過書中整理的各年齡階段小孩的睡眠樣貌、睡眠常見問題及睡眠管理技巧，傳遞合適的資訊，讓爸媽能在投入更多關心的同時，讓自己安心、放心。

此外，身處資訊爆炸化的時代，透過網路就能取得大量資訊，快速方便之餘，常常期待取得大量資訊之後就可以直接解決問題。但想必大家都有經驗，蒐集了好多資料，得花更多時間消化與整理。同是過來人的我們聽過很多家長有類似困擾，因此希望透過一本架構完整的書，清楚羅列嬰幼兒睡眠相關議題。

最後，我們很希望能夠更完整、更連貫地提供嬰幼兒睡眠管理的推廣與服務，所以除了書籍，我們有相關的互動平臺與社團，都能讓大家有更多交流機會，非常歡迎各位爸媽寫信給我們。我們也有臨床門診，非常樂意為大家一一解答。

祝各位新手爸媽，還有你們家的小寶貝，可以一起擁抱好夢，擁有好生活！

目錄

四～七個月：睡眠有感期

八～十二個月：睡眠分界期

目錄

一～二歲：睡眠進化期

二～四歲：睡眠穩定期

四～六歲：睡眠常態期

目錄

〇～三個月：睡眠啟蒙期

帝王般的新生兒

PK

全能的媽媽與爸爸

睡眠發展　爸媽都是熊貓眼的睡眠啟蒙期

首先要恭喜各位，你們從此章開始閱讀，代表家中有位甜蜜的小負擔誕生了。甜蜜的是，你們眼裡的追蹤動線充滿了這個新生兒，小臉蛋的每個表情、每個肢體動作，除了占滿眼中每個畫面，手機的相簿想必也是；小負擔的是，三不五時關懷著新生兒的身心健康，如何健康地成長、快樂地活動，以及怎麼可以吃得飽、睡得好？

尤其是睡眠，更是每位爸媽無法忽視的一環。新生兒若沒睡好，就等於爸媽也不可能睡好。睡不好除了會讓新生兒心情不好，還可能影響生理與大腦運作，甚至讓全家人都開始睡不好，甚至全家人的心情都因此大受影響。

本書將依照〇到六歲的每個階段，帶領大家認識睡眠，同時理解各階段的心理發展與睡眠的關聯，並教大家如何照顧與改善孩子的睡眠狀況，最重要的是，希望教爸媽們如何照顧自己、好好生活。

想在此提醒，關於睡眠的發展，尤其是睡眠長度，因為〇～三個月的新生兒睡眠之變異性、個別差異，以及發展速度大不相同，才說家家有本難唸的經。再加上不論國內外——如美國兒科醫學會（American Academy of Pediatrics, AAP）——的相關研究及文章都表示，針對〇～三個月新生兒的睡眠，不容易給予一致的睡眠管理建議，所以我們在〇～三個月只會給予大方向的建議，盡可能讓大家讀懂自家的這本經。

除了個別差異極大，因此階段新生兒的睡眠變化非常快速，正如俗話「嬰仔嬰嬰睡、一暝大一寸」，常常幾天之內就有顯著的改變，所以討論時，再將此階段劃分得更細，如：〇～一周、一～二周、三～四周及二～三個月，新手爸媽可依自家寶貝的狀況自行調整，例如雖然是一～二周的新生兒，但寶寶發展較快，就可參考三～四周新生兒的睡眠發展。

出生～第一周

■睡眠情況

新生兒屬於睡飽吃、吃飽睡，又或是邊吃邊睡的神奇階段，變化相當大，其實很難估算睡眠總量，同時睡眠比較沒有固定規律，可說是新手爸媽睡不好的一周。再加上媽媽剛生產完，尚在恢復身心，又得顧慮新生兒的吃與睡，真的非常辛苦，是一段非常需要家人支援的時期。請媽媽提醒自己，這段時期千萬不要不好意思麻煩你的另一半、家人或好友，不妨找些好戰友們一起度過！如果需要專業人士的協助，如新生兒科醫師、哺乳顧問或臨床心理師，可以抽空求救。家有新生兒的爸媽遇到困難及挑戰時，好戰友的支援或專業人員的幫助、讓自己轉換思考角度或情緒，都是很重要的。

喝奶情況

平均每隔一小時左右就需要喝一次奶，總是斷斷續續地喝，一次喝奶約一個小時。盡量讓新生兒維持清醒地喝奶，可以打開包巾讓手腳露出來，涼快些，或是輕撫新生兒的身體。同時建議調亮燈光，或和新生兒講話，不要過於安靜。

這個階段的喝奶行為不只是為了滿足飢餓，還會帶來熟悉感與安撫感。喝奶時靠近媽媽聽到的心跳和說話聲等，對於出生甫一周的新生兒來說是最熟悉的聲音，因為一周之前，他們可是一直在羊水裡聽媽媽的心跳及說話聲音，當然也不斷地喝喝。新手媽媽們可在新生兒喝完奶要睡覺時，把他們抱在懷裡，稍稍讓他們聽媽媽說話，感受一下媽媽的心跳、呼吸及味道。

第二周

■睡眠情況

仍是明顯的睡飽吃、吃飽睡，但一天中可能會出現某一次吃完不睡，等下一餐吃飽才睡的情況，代表醒著的時間開始變多。清醒時可能乖乖的，不過也常會哭鬧。

■喝奶情況

喝奶的間隔時間拉長，約兩小時喝一次，一次約喝四十分鐘不等。

第三～四周

■睡眠情況

開始不再只是睡飽吃、吃飽睡，每天的睡眠時間總共約十六到十九個小時，一天內可能有多次以上的片段睡眠，沒有明顯夜裡主要睡眠的區分，開始出現一、兩次吃完奶還不睡的情況，代表清醒時間更多了。

■喝奶情況

喝奶間隔約為三～四小時，偶爾會有四～五小時的間隔，喝奶速度較前兩周快些，約三十分鐘左右，但仍有邊喝邊睡的情況。同樣地，盡可能讓新生兒在喝奶時保持清醒。

第二～三個月

■睡眠情況

每天睡眠總時數約十五～十八個小時，一天內可能會出現五、六次以上的片段睡眠，每段平均二～四個小時不等。兩個月大新生兒的夜間睡眠會開始拉長，有時可以連續睡四～五個小時以上；三個月大時，有機會延長到六小時以上。

■喝奶情況

喝奶間隔約四小時一次，時間約三十分鐘。新生兒在此階段成長較快，如果上一餐餵的不夠多，或是兩餐之間的活動量較大，都有可能提早餓醒，爸媽要多注意。

這邊提到有機會連續的夜眠，是國內外的研究與調查結果，屬於參考依據，但並非所有新生兒都有機會在二～三個月大時，就可以連續睡五～六個小時的夜眠；有些新生兒雖有機會達到連續五～六個小時的夜眠，但接下來幾個月可能因為長牙或分離焦慮等狀況，又增加夜醒的次數。

新生兒的睡眠總是時好時壞，這是很常見的，新手爸媽們看到這些數據請不用過度擔心。本書中後續提及的睡眠管理方法，正是希望能夠增加爸媽們對睡眠的了解，同時降低對新生兒睡眠狀況的焦慮感。

	睡眠總時數	晚上睡眠時數	小睡次數	關鍵建議
新生兒(2周前)	睡眠尚沒有固定的規律			褪黑激素未形成，白天順其睡眠需求
新生兒(3-4周)	約16-19小時		多次以上片段睡眠	褪黑激素未形成，尚無明顯夜裡主要睡眠區分
新生兒(2-3個月)	約15-18小時	仍無明顯夜眠，最長約4-6小時	5-6次片段睡眠	褪黑激素開始形成，代表夜眠開始拉長
嬰兒(4-7個月)	約13-17小時	約在11-14小時左右，常見夜眠型態為多次醒來	2-3段或更多次片段睡眠	因褪黑激素穩定，主要睡眠可集中在太陽下山的夜晚
幼兒(8-12個月)	約12-16小時	約10-14小時	2-3段	白天小睡開始配合生理時鐘而有其規律性
小小孩(1-2歲)	約11-14小時	約9-13小時	1-2段(下午為主早上為輔)	午睡逐漸穩定，可配合白天照光，夜眠關燈來穩定生理時鐘
小孩(2-4歲)	約10-13小時	約9-12小時	1次(下午為主)	午睡要固定。要避免太長或太晚的午睡，以免影響主睡眠
學齡前兒童(4-6歲)	約10-13小時，6歲縮短為9-12小時	約8-12小時	1次(下午為主)或不需要	合適的午睡時間對於記憶鞏固與學習有很大的幫助

睡眠特色 充滿做夢與無限可能的〇～三個月

這個階段的睡眠特色是「睡眠荷爾蒙」褪黑激素（Melatonin）尚未形成。大部分嬰兒在六周大時，松果體成熟以後，才會開始有褪黑激素的荷爾蒙，但濃度很低。〇～三個月的新生兒是有可能分不清晝夜的，爸媽不用太擔心，從第六周開始到約莫三個月大時，晚上的褪黑激素才會開始慢慢增加。

解說褪黑激素之前，先聊一下什麼是生理時鐘。一般來說，我們都需要按照「外在時鐘」的具體時間提醒，才知道該睡覺、上班、上學，或是該吃飯了，但新生兒還不知道外在時鐘，怎麼判斷何時該睡覺或吃飯呢？

當然，新生兒可以依靠的「外在時鐘」初期會是「人體時鐘」——由爸媽來提醒新生兒。不過慢慢地，新生兒會開始出現人類另一個更重要的「內在時鐘」，就是內建於體內，告知我們什麼時候該睡覺、什麼時候該清醒的「日夜節律」（Circadian Rhythm）。

「內在時鐘」和日夜節律有關，也和「睡眠荷爾蒙」褪黑激素息息相關。褪黑激素是一種由松果體生成的荷爾蒙，人在入睡前便會開始出現褪黑激素，並在半夜達到高峰，再於早晨醒來時下降。體內的褪黑激素濃度曲線，反映了個體的「睡醒循環」。

隨著褪黑激素逐漸形成，新生兒的睡眠開始逐漸穩定。但在剛開始時，褪黑激素不見得是在該睡覺的夜晚出現，所以爸媽得幫忙新生兒形成「晚上睡著時有褪黑激素，白天醒著時沒有褪黑激素」的規律，怎麼做呢？

首先，建立白天（光亮與活動）和夜晚（黑暗與安靜）的區隔。在早上接受足夠的太陽光線照射，藉此調整體內的褪黑激素，可協助將生理時鐘固定在二十四小時周期，睡眠將更加平穩和良好。為什麼可以透過太陽光線來調整及穩定生理時鐘呢？因為光線會先經由眼睛的瞳孔，抵達眼睛後方的視網膜，再傳送光線訊息到位於大腦下視丘的神經核，再經交感神經而傳至松果體，並啟動大腦後續連鎖反應，像是透過光線提醒大腦，已經天亮囉，該起來囉！接下來就會抑制體內褪黑激素的分泌，結束睡眠，等於開始啟動一天！

可以在白天多照光及太陽，幫助新生兒知道現在是白天，也可以在白天多活動，並減少睡眠長度；到了傍晚，尤其是睡前，則調暗燈光，有助於形成關燈就是要睡覺的連結。此外，若是日後要開始穩定小孩的生理時鐘，每一段的睡眠時間要逐漸固定下來，特別是早上的起床時間。

換言之，新生兒六周大後，大腦才開始準備有褪黑激素，在那之前寶寶都搞不清楚日夜，整天哭鬧或是整天睡，自己是無敵中心，媽媽是萬能的，這些統統都成了合理的循環。從第六周起到約莫三個月大時，晚上的褪黑激素才會慢慢增加，日夜的區分才開始穩定下來。

一般來說，這個階段的新生兒有夜眠拉長至五～六個小時以上的規律性，總睡眠時數約為十五～十九個小時。

對大人來說，擁有好的睡眠長度及有品質的睡眠很重要，就像充電，睡眠提供了我們的身體各種復原機制。對新生兒來說更是如此，優質的「安靜睡眠」（quiet sleep）可再細分為淺睡眠期及深睡眠期，能讓新生

光線刺激如何影響褪黑激素的分泌

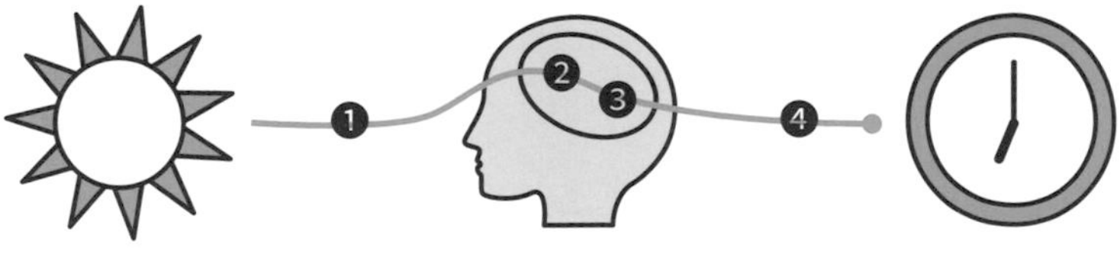

❶光線從外進入視網膜　❷神經訊號傳至腦中的視叉上核

❸通知松果體（天亮了）抑制「睡眠荷爾蒙」褪黑激素

❹褪黑激素下降：結束睡眠、開始清醒

兒分泌充沛的成長荷爾蒙，相對應於長大後的「非快速動眼睡眠」階段；「活動睡眠期」（active sleep）又稱做夢睡眠，則能讓新生兒的大腦更進階發展，相對應於長大後的「快速動眼睡眠」階段。

新生兒睡覺時的做夢比重很高。剛出生的新生兒有五十％以上的睡眠時間在做夢，三個月大時則有四十％，均比成人來得高（成人約為二十％），這和新生兒的腦部正在快速成長發育有關。人在做夢時，代表大腦正在整理、反芻、歸檔及活化白天或清醒時接收到的一切外在資訊，尤其是愈小的新生兒，每天睜開眼看到的、接觸到的，都是全新的人、事與物，更是需要非常多做夢睡眠，才能處理這些白天的記憶、情緒與認知，因此，良好的睡眠加上足夠的做夢都有助於新生兒的學習。

不同年齡層的睡眠總時數與睡眠階段比例

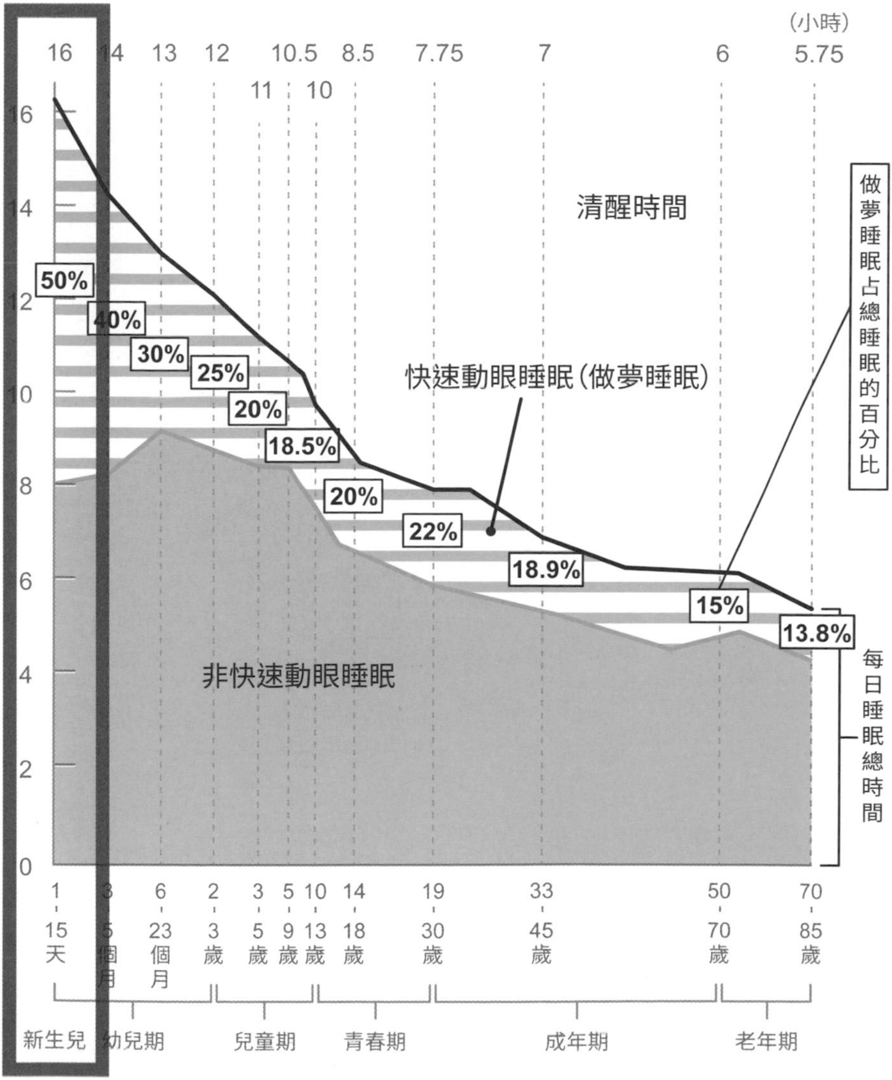

From: Howard P. Roffwarg

睡眠VS心理發展

寶寶自我感覺良好，需要無微不至的照顧

讀到這裡，爸媽們也許內心一陣驚奇，「哇～我還真沒想過寶寶每星期的睡眠都有一點改變耶！」，以及「欸～還有什麼是我沒想到的嗎？」就讓我們一起了解寶寶的睡眠與心理發展之間有什麼重要的關聯吧。

欸？睡眠不是生理現象嗎？心理發展？

是的，睡眠一般被視為「生理」議題。新生兒睡不好，爸媽通常立即想到身體的各種不舒服，像是沒吃飽、尿布溼……事實上，睡眠更與孩子現階段的「心理」發展息息相關，一旦我們有所了解，就會更知道如何回應孩子，幫助他們睡得更香、更甜。

心理—無微不至期

「無微不至」一詞的典故，可追溯至古代大臣對皇帝指派的任務盡心盡力的態度，對

於〇～三個月新生兒的每個細節，爸媽都要照顧得非常精細周到！

如果從心理發展的角度來看，英國著名小兒科醫師與精神分析師溫尼考特（Donalld W. Winnicott）主張，新生兒有全能的幻覺（Illusion of Omnipotence），傾向認為母親的乳房或周遭的人對於他的照顧，是在他的全然掌控之下。例如，他餓了，需要乳房來滿足飢餓的生理需求，乳房就會出現；對新生兒而言，是他「創造」了乳房，是他創造了周遭世界。溫尼考特認為，此階段應以新生兒的需求為中心，盡量滿足他們的需求，提供無微不至的照顧。

爸媽們或許仍然很困惑，初生的新生兒，除了睡眠、飢餓此類基本生理需求，還會有什麼需求要被滿足呢？就讓我們從發展的角度來一窺究竟。

發展心理學家皮亞傑（Jean William Fritz Piaget）認為，新生兒會透過感覺與動作探索這個世界，並在探索過程中建構對這個世界的認識。〇～三個月大的新生兒正處於皮亞傑提到的反射活動修正階段（Modification of Reflexes）與初級循環反應階段（Primary Circular Reaction），常見他們出現大量的吸吮反應，像是吸吮手指、小被子、奶嘴、口水巾；也常見他們重複地抓握與敲擊物品，並在過程中感覺有趣。

由此可知，新生兒除了想睡時能夠擁有充足且良好的睡眠，肚子餓時能立即獲得飽足感之外，透過吸吮和抓握等動作來和爸媽互動，或透過吸吮和抓握探索周遭環境，也是生活中的一樁大事！

新手爸媽或許又困惑了。新生兒吸吮或抓握時，看起來好像是他們可以自己做到的事情，大人只要留意安全性就好了吧？這誤會可就大了，既然此階段是「無微不至的照顧」，意謂的就不僅是滿足生理需求或提供安全防護，更包括了心理需求的覺察與回應。

心理需求就是新生兒和爸媽互動時，他們對這個環境感到好奇，而我們要先讀懂他們發出的訊號。〇～三個月新生兒的語言發展會從沒有語音到逐漸發出可以辨識的語音，常見的有ㄚ、ㄨ、ㄧ等母音。此階段的新生兒會對環境中的聲音產生反應，並逐漸分辨不同的聲音。不僅如此，他們還會開始注視人的臉，爸媽要是逗弄他們，他們會用微笑回應。

具體來說，爸媽可用像是音樂鈴、沙鈴之類的玩具，製造一些輕柔的聲音，也可以對著新生兒自言自語，他們將漸漸發現玩具的聲音和爸媽的聲音不一樣。而當新生兒開始發出一些語音，爸媽可以模仿他們。例如寶貝說「ㄚ」，你們就說「ㄚ」。當然，如果寶貝說「ㄚ」，你們很開心地以為他們要說「媽媽」了，因此接著說「媽媽」，那也很好。因為爸媽開心的心情會透過聲音和表情傳遞給新生兒，新生兒也會跟著開心呢！

常見睡眠狀況與問題

睡太多的美麗與哀愁

如二十七頁的睡眠特色所說，〇～三個月大的新生兒因為褪黑激素才開始形成，日夜節律剛開始建立，一整天多數時間都在睡。不過，這不代表他們睡得很安穩。此階段的新生兒常在睡著時無故被嚇醒或哭醒，為什麼呢？

因為新生兒睡覺時，就像在海裡游泳一般，常不自主出現一些手腳動作，由於現在已經不是在像羊水一樣的空間裡，所以經常會被自己的動作驚醒，比如手腳動不動踢一下、抖一下、不時翻身，或是雙手不自主顫動等。這類動作稱作「驚嚇反射」，一般來說都是正常現象，一部分是因為寶寶剛出生，腦神經發育尚未成熟及分化完成，大腦動作區在睡覺時無法完全關機休息，會繼續出現比較多動作，一旦動作太大，寶寶就很容易因此驚醒，出現不安的哭鬧反應。

許多新生兒的爸媽應該都試過或聽過，睡覺時適度使用包巾包裹住寶寶全身，有助於減少他們因為驚嚇反射等大動作而嚇醒的情形，讓寶寶睡得更安穩。但是，並非所有的新生兒都必須借助包巾才能入睡。一般而言，驚嚇反射在一個月大時最明顯，約半歲大就會消失，有些孩子很快就不會被這類動作影響。

換言之，爸媽應先觀察自己的孩子，如果睡覺時總是很容易動一動就醒來，而且一醒來就哭，很可能就需要包巾的輔助。

使用包巾時，除了讓寶寶比較不會亂動之外，必須考量到舒適性、透氣性。隨著月齡的增長，寶寶的活動量增加，可以在晚間睡眠時再包覆包巾，白天就讓寶寶的四肢自由伸展；或者更換適合的包巾類型，不需要完全包緊緊。

好眠祕笈　安全第一

不管是親子同床或寶寶單獨睡嬰兒床，各有各的好，需要信任自己與小孩的關係，每個寶寶或是每個家庭都有不同的選擇，但不管哪一種，「注意安全」都是最高指導原則。以下分別整理「嬰兒床」及「親子共眠」的安全法則給大家參考：

嬰兒床安全法則

■嬰兒床

1. 床墊與床框（包含搖籃）之間最好密合，過大的空隙可能造成床墊滑動，可能發生讓床墊覆蓋住寶寶的危險，或讓寶寶直接接觸床底導致不適。
2. 床單與床墊要密合，或者確保表面是平順無皺摺的狀態，以避免過鬆的床單出現纏繞寶寶的危險。

3. 嬰兒床本身一定要通過相關安全檢驗。

環境

1. 嬰兒床上方避免懸吊式玩具，以防玩具掉落或被寶寶扯下來，影響安全，尤其是照顧者無法在一旁陪伴時或長時間睡著的夜晚。
2. 嬰兒床避免放置在夜燈、窗簾附近，任何懸掛物都應遠離寶寶睡覺的地方，也應遠離房門，以防寶寶的手不小心被房門夾到。

寶寶

1. 只要溫度合適，寶寶可以穿著合身的包衣、內衣或睡衣睡覺，避免過多或過重的被子產生蓋住寶寶的危險。若需要被子，建議採用可固定於寶寶身上的防踢被，或是將被子的一端固定在腳邊的欄杆上，以避免被子蓋住寶寶口鼻而發生危險。
2. 避免用線或繩子把奶嘴綁在寶寶身上，容易讓手或脖子受傷，也要避免穿著有過多絲帶或線繩等裝飾物的衣物，裝飾物的長度至少要短於寶寶頸圍。

嬰兒床安全法則

嬰兒床	床墊與床框貼合，避免床墊滑動覆蓋住寶寶
	床單與床墊貼合，避免過鬆的床單出現危險
環境	嬰兒床上方避免懸吊式玩具，以防玩具掉落或拉扯
	嬰兒床避免放置在夜燈、窗簾及門附近
寶寶	寶寶穿著合身的包衣或睡衣睡覺，避免被子蓋住
	勿用線繩將奶嘴綁在寶寶身上，衣物也避免出現線繩
照顧者	避免在嬰兒床附近抽菸，抽菸會增加嬰兒猝死風險
	照顧者避免有嚴重情緒問題，或服用影響神智的藥物

■照顧者

1. 避免在嬰兒床附近抽菸，這對於新生寶寶的健康有很大影響。研究指出，父母抽菸與二手菸都會增加嬰兒猝死症（Sudden Infant Death Syndrome, SIDS）的風險。
2. 若是照顧者一方出現以下狀況，建議暫時交由他人照顧，像是嚴重的情緒問題、服用影響神智的藥物，或是身心處於過度疲累的狀態，可能會因此無法適當回應新生兒的需求。

如果照顧者無法確定自己的身心狀態，或擔心自己服用的藥物會影響照顧新生兒的能力，建議可諮詢精神科、身心科或家醫科等。

親子共眠安全法則

■床

1. 床不能太軟，像是水床，寶寶容易窒息，也可能影響脊椎發展，建議盡量選擇平穩且較硬的床。
2. 床夠大才建議親子共眠，如果床不夠大，建議僅由媽媽共眠，或是改採嬰兒床並排放在成人床邊的替代方式。若是父母體重過重或身材高大，也應評估是否會影響親子共眠。此外，將穩固且穩定的床墊直接放在地板上（遠離牆壁或圍欄）也是一種安全的替代選擇。

■環境

1. 避免放置太多物品，像是玩偶（特別是有繩子或過軟的大玩偶）、毯子（特別是毛料過長或過於柔軟的材質）等，同時注意蓋棉被時，不要覆蓋超過新生兒胸口，將增加呼吸猝死或窒息風險。建議將棉被一端固定在床尾，讓被子無法拉超過新生兒胸口。
2. 親子共眠較容易發生半夜掉下床的危險，建議父母可在床的四周架上護欄，減低孩子意外受傷的風險。或讓床靠牆，床與牆之間也要盡量減少空隙，以免新生兒夾到。

■寶寶

1. 盡量讓一歲以下的新生兒仰睡，避免趴睡，因為寶寶很容易在趴睡時發生窒息與嬰兒猝死症。美國小兒科學會在一九九二年建議嬰兒採取非趴睡睡姿（nonprone position），並於二〇〇〇年建議減少側睡（side sleeping position）。對嬰兒而言，最理想的睡姿為仰睡。

2. 可讓寶寶睡在媽媽與牆（或護欄）中間，因為媽媽對於新生兒的狀態比較敏感，與新生兒之間的默契十分良好，通常都能敏銳地察覺新生兒半夜裡的舉手投足，甚至感受得到寶寶即將醒來。

3. 不要讓新生兒單獨睡在大人的床上。

■照顧者

1. 父母若有以下睡眠障礙或睡眠異常行為，應避免與新生兒共床，像是會製造大聲噪音的睡眠呼吸中止症、手腳肢體會不自主踢動的陣發性肢體抽動症、磨牙、夢遊等，這些都很容易不自覺地干擾新生兒睡眠，並增加新生兒的危險。若照顧者不確定自己是否有干擾新生兒睡眠的睡眠障礙或睡眠異常行為，建議諮詢專業睡眠中心、睡眠專科診所或是有睡眠專業之心理治療所，安排檢查以進一步確定。

親子共眠安全法則

床	別睡太軟的床，建議盡量選擇平穩且較硬的床
	建議夠大的床上才進行床上共眠，父母體重不宜過重
環境	環境避免放置太多物品，注意棉被勿超過寶寶胸口
	床的周圍架上保護護欄，或將床貼緊牆壁
寶寶	寶寶採仰睡的姿勢最理想
	建議讓寶寶睡在媽媽與牆(或護欄)中間
照顧者	父母留意本身是否有睡眠障礙，或是睡眠異常行為
	抽菸、喝酒、服用鎮定類感冒藥物，都要避免共眠

2. 父母本身若有抽菸習慣，不應與孩子同床。喝酒、長期服用鎮定類藥物，甚至服用感冒藥物期間，可能會因為警覺性下降而增加新生兒的危險，也不建議與新生兒同床。

除了注意安全，也要找到大家（媽媽、爸爸、新生兒）都能獲得到最佳睡眠的方式。照顧新生兒時，爸媽一定會被剝奪睡眠，想夜夜好眠很不容易，但是，設法找到彼此都可以睡得好的最大可能性非常重要，裡面包含了如何傾聽新生兒發出的訊息，這也是接下來每個章節的重點之一。

親子共讀筆記 成為看圖說故事達人

寶寶在出生第一年開始學習翻身、坐起、爬行，運用身體的感官，例如：眼睛、鼻子、嘴巴、耳朵和手探索周遭環境，同時對大人的話語和情緒做出反應，更重要的是，他們會在這些過程中建立安全感與信任感。而透過親子共讀，能更加提升這些能力。

○～三個月的新生兒很享受親子共讀的過程，爸媽在共讀時會對他說話、對他唱歌、逗弄他。在一對一的互動中，新生兒將感受到你們全然的關注。新生兒可能因此喜歡書籍，或者學習到更多語言，以及更多動作與互動方式。

與新生兒共讀時，環境設計需要特別用心。建議找一個安靜舒服的空間，關掉電視，手機調整為靜音或震動，避免太大或突然的聲響驚擾，再擺上準備共讀的一至兩本書，不需放置太多本。

閱讀指引

當你拿書給〇～三個月的新生兒看，或唸給寶寶聽時，他們能夠注視著圖片。若是你的寶貝注視著書上的圖片，幫他指著那張圖，同時給予一個命名。例如指著狗狗的圖說「狗狗」。

互動策略

■肢體動作

想像自己是個表演者，運用你的臉部表情、音調高低和姿勢動作吸引新生兒的注意力，同時適時地翻頁，維持他的興趣。新生兒會露出笑容，甚至咯咯笑出聲音來，也可能動動手臂、踢踢腿，告訴你「我想和你一起玩」。

■語言回應

當你在朗讀或對新生兒講話時，他們會想模仿你的聲音，試圖與你互動。因此當寶貝發出語音時，你可以停下來，立即模仿這些語音，並且微笑地注視著他。閱讀的過程中，透過「新生兒發出語音，你就模仿語音」的過程，讓寶貝知道，你關心他們喜歡的事物、在乎他們的感覺。

睡前共讀這樣做

建議挑選以黑白視覺圖像為主的視覺遊戲書，因為〇～三個月新生兒比較能夠分辨黑、白、灰的顏色。睡覺前，邊拿給寶寶看，邊述說圖像內容，邊輕撫寶寶。要是他發出一些語音，你仍然可以回應，不過睡前不需刻意運用誇張的臉部表情與聲調，相較之下，平穩且溫和的口吻更能幫助新生兒準備入睡。

給爸媽的悄悄話 新生兒到底在哭什麼!?

新生兒哭鬧的原因很多，除了先前談到因為驚嚇反射而嚇醒哭鬧之外，也要考量是不是身體不舒服。此階段常見的不舒服原因有：尿布溼了、太熱或太冷、喝太飽而肚子不適、吃不夠而哭鬧、溼疹和被蚊蟲叮咬的不適等，都有可能讓新生兒睡得不安穩。

爸媽可以怎麼做呢？

1. **暫時停一下，冷靜陪伴**

新生兒哭泣經常連結許多原因，像是疲累、肚子餓、想要你的注意、身體不舒服等，新生兒哭並不是一件不好的事情，也不等於你照顧得不好，別急著塞奶嘴或抱著四處走動，而沒有回應他們的需求。你可以試著暫停一下，觀察他們為什麼哭泣，猜測他們的需求，並給予適切的回應。

2. 新生兒不會說，但你很會猜

此階段的新生兒可能沒有語音，又或者只有一些語音，為了多了解他們，你可以多猜測他們的感覺。比如新生兒在哭，但你不知道原因，這時就可以開始猜了。請留意，猜測時要避免宛如連珠炮，好比一口氣講完「寶貝你肚子餓餓嗎？還是累累？還是布布溼了？」他們會不知道該回應哪一句話。你可以用很簡單的疊字或詞彙說出猜測，而且一次只說一個就好，如「喔，寶貝累累嗎？」

3. 細膩如偵探，就能猜得準

若把爸媽比擬為偵探，可是一點也不誇張！當你依據新生兒的狀況，講出自己的猜測之後，要進一步一邊提供照護，一邊觀察寶寶的表情與反應。例如新生兒在哭，你猜測「寶貝累累嗎？」再適當給予安撫的言語與動作，也許是唱一首他熟悉的搖籃曲，或是抱著他、輕撫或輕拍他。增加肌膚接觸的機會能帶來安全舒適的感受，也可以在寶寶哭泣時協助安穩他們的情緒。此時，若是新生兒的表情有了變化，哭聲變小，甚至進入夢鄉，就代表你猜對了！如果猜錯了（幾乎大部分的照顧者不會一試就中）也別太氣餒，我們當個「夠好」的照顧者就足夠了，允許自己有猜錯的空間，同樣會愈猜愈準喔！

四～七個月：睡眠有感期

好奇的外星嬰兒

PK

偵探新手的爸媽

睡眠發展

四個月，第一個小小的睡眠分水嶺

■睡眠情況

四個月左右的嬰兒，夜晚主要睡眠時的褪黑激素開始增加，是夜眠開始穩定的分水嶺。此荷爾蒙可讓晚上出現睡意，日夜的規律性因此形成。褪黑激素還能使腸子平滑肌放鬆，改善晚上的腸胃不適及腸絞痛。

四～七個月大的嬰兒每天睡眠總時間約十三～十七個小時，白天會有兩、三段或更多較明顯的睡眠，可以安排上午小睡一～二小時、下午睡一～二小時。如果還需要其他小睡，建議短於半小時，慢慢把作息養成主要睡眠集中在太陽下山後的夜晚。扣除小睡，此階段的夜晚睡眠約為十一～十四個小時，半夜可能會醒來多次，但睡眠已能慢慢集中在夜間時段了。

不同年齡中，最明顯的差異就是睡眠量。從左圖可以看見，剛出生的新生兒會睡十六個小時以上，未滿兩歲的小孩一天需要睡十二到十六個小時，國、高中生則會減少為八至

不同年齡層的睡眠總時數與睡眠階段比例

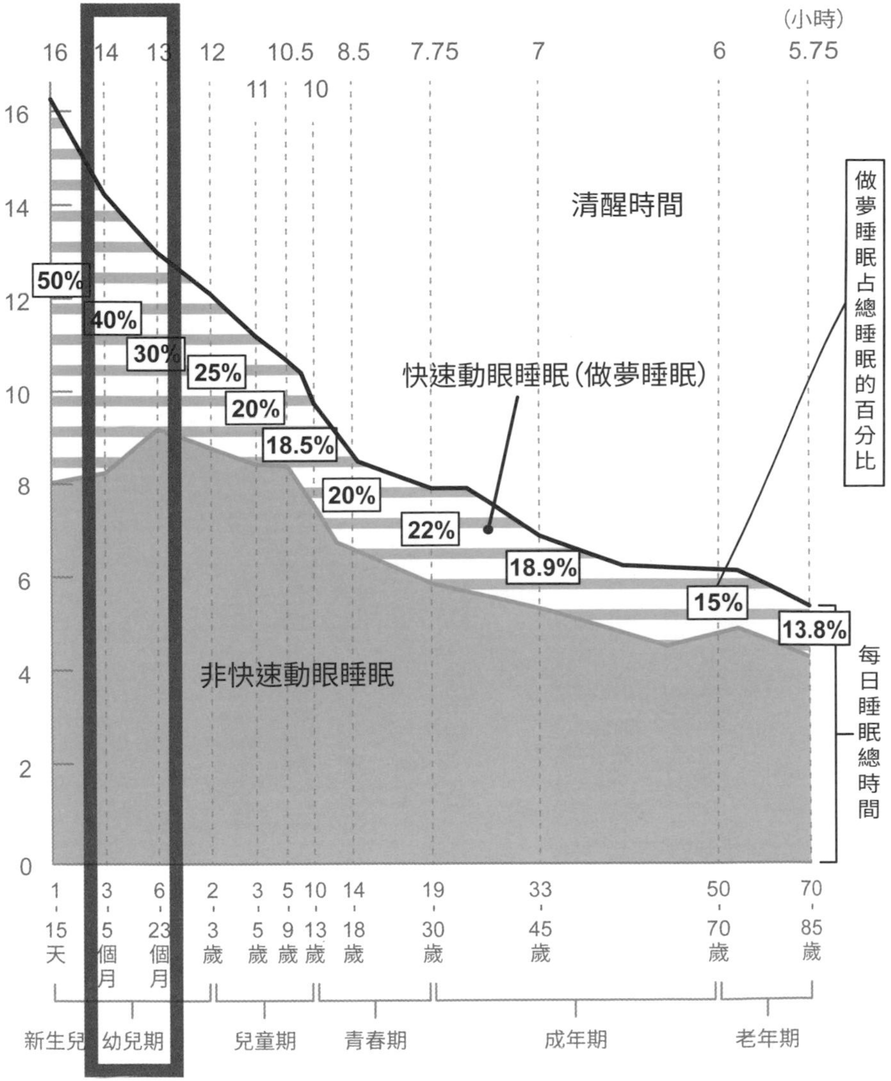

From: Howard P. Roffwarg

十小時。

美國兒科醫學會整理了兒童及青少年在不同年齡的「每日睡眠時數」（含午睡）方針：

(1)嬰兒（四～十二個月）：建議每日睡眠時數為十二到十六個小時。
(2)幼兒（一～二歲）：建議每日睡眠時數為十一到十四個小時。
(3)學齡前兒童（三～五歲）：建議每日睡眠時數為十到十三個小時。
(4)學齡兒童（六～十二歲）：建議每日睡眠時數為九到十二個小時。
(5)青少年（十三～十八歲）：建議每日睡眠時數為八到十個小時。

美國兒科醫學會的年齡範圍切分較大，我們蒐集了眾多相關研究及調查資料後，切分得更仔細，如左頁圖表。

然而，這些相關研究與調查整理後的不同年齡睡眠長度雖然可以當成小孩的成長指標，但要提醒大家，睡眠長度並不是睡得好的唯一指標，還要參考睡眠品質與睡眠時間點，不需要因為自家小孩「沒有睡到教科書上寫的那麼多」而擔心，還是需要全面性的評估。

	睡眠總時數	晚上睡眠時數	小睡次數	關鍵建議
新生兒（2周前）	睡眠尚沒有固定的規律			褪黑激素未形成，白天順其睡眠需求
新生兒（3-4周）	約16-19小時		多次以上片段睡眠	褪黑激素未形成，尚無明顯夜裡主要睡眠區分
新生兒（2-3個月）	約15-18小時	仍無明顯夜眠，最長約4-6小時	5-6次片段睡眠	褪黑激素開始形成，代表夜眠開始拉長
嬰兒（4-7個月）	約13-17小時	約在11-14小時左右，常見夜眠型態為多次醒來	2-3段或更多次片段睡眠	因褪黑激素穩定，主要睡眠可集中在太陽下山的夜晚
幼兒（8-12個月）	約12-16小時	約10-14小時	2-3段	白天小睡開始配合生理時鐘而有其規律性
小小孩（1-2歲）	約11-14小時	約9-13小時	1-2段（下午為主早上為輔）	午睡逐漸穩定，可配合白天照光，夜眠關燈來穩定生理時鐘
小孩（2-4歲）	約10-13小時	約9-12小時	1次（下午為主）	午睡要固定。要避免太長或太晚的午睡，以免影響主睡眠
學齡前兒童（4-6歲）	約10-13小時，6歲縮短為9-12小時	約8-12小時	1次（下午為主）或不需要	合適的午睡時間對於記憶鞏固與學習有很大的幫助

■喝奶情況

晚上有機會可以連續睡八～九個小時左右，建議睡前多喝一些母奶以增加飽足感並拉長夜眠時間。要提醒大家的是，嬰兒是否可以睡過夜，其實要看每個嬰兒的獨特氣質，甚至要考量照顧者的習性。建議爸媽這樣評估：如果夜眠時間已逐漸增長，就是邁向睡過夜了！千萬別想著小嬰兒能夠很快就睡上八個小時，這種不合理的信念很可能會增加爸媽的壓力！（睡前使用配方奶的原則請見八十五頁）

睡眠特色 開始有褪黑激素後的睡眠有感期

先恭喜讀到這裡的讀者，你們度過了最艱難的一役！嬰兒從看似混亂的睡眠中，開始有感地找到一些曙光，原本全能的爸媽角色可以放下一些無所不能的壓力了。

由於「睡眠荷爾蒙」褪黑激素在三個月後逐漸穩定，嬰兒開始有日與夜的區分，睡眠也開始穩定下來。在此階段，嬰兒要從無微不至的媽媽身上分化開來，爸媽們可以找安撫物取代，如小被子、媽媽的衣服、小娃娃、安撫小巾、玩偶，甚至是嬰兒自己的手指或拳頭等，更可以利用嬰兒喝奶時，將舒服放鬆的感受與安撫物配對在一起，讓他逐漸與安撫物建立情感與記憶。

一般來說，三至四個月大的嬰兒開始有自我安撫的能力，家長可以慢慢練習找到這些安撫物，剛開始在白天找時間做一次，最好是寶寶看起來很累的時候，透過對睡眠有感的階段，搭配安撫物或儀式，漸漸讓寶寶自行入睡成為一種習慣。

如果你家嬰兒已經習慣大人哄抱才能入睡，由於他在你懷中睡著，自然希望一睜開眼睛就看到你，一旦醒來後發現睡覺的地方改變了，或是媽媽不見了，很容易大哭。請試著調整入睡模式，當嬰兒在你懷中快睡著之前就放到床上，並對他說：「想睡覺了，我們到床上睡喔！讓××（安撫物或安撫物的名字）一起陪寶寶。」讓他不需要只有依賴你的胸膛才能入睡，但你同樣在一旁陪伴。

嬰兒與安撫物的關係象徵著媽媽與嬰兒的情感。對嬰兒來說，安撫物的質感與味道是最重要的（爸媽要有心理準備，那塊充滿口水、髒兮兮的毯子恐怕不太能洗，還得帶著去旅行）。漸漸地，嬰兒就能在睡前抱著那個屬於他自己且獨特的安撫物睡著。值得一提的是，安撫物不見得要是具體的東西，也可能是一段旋律（媽媽餵奶時隨口哼的）、一個畫面（喝奶時房間的光影顏色）等。

當然，這絕對絕對絕對（很重要所以講三次）不是件容易的事，可能會因為小嬰兒的哭鬧、爸媽的捨不得或身心俱疲，進行得不順利。請不用太焦慮或自責，讓自己輕鬆一點很重要，晚幾天、幾個月，或是下個階段再來試也不遲，每個階段我們都會教大家各種方法。

睡眠VS心理發展

開始探索外在世界的好奇寶寶

四～七個月嬰兒的發展任務是開始學習與爸媽一點一滴地分開。由於這階段的嬰兒會對外在世界感到好奇，抓握能力更好，爸媽可以尋找安撫物取代原先無微不至的陪伴。安撫物又稱作過渡物，心理學上稱為過渡客體（Transitional Object）。以下配合心理學用語，改用過渡客體一詞。

接著我們就來談談四～七個月嬰兒的心理發展，以及如何選擇過渡客體。

心理－過渡客體期

心理學家馬勒（Margret S. Mahler）提出，嬰兒約在四～五個月大時會逐漸進入分化的階段，他們開始探索更多媽媽的身體，除了原本最鍾愛的乳房，也喜歡抓抓媽媽的耳朵，拉拉媽媽的頭髮，摸摸媽媽的臉龐。不只如此，他們還會從其他柔軟圓滑的物品裡得到更多愉悅。到了此時期，對寶寶無微不至的照顧，需要隨著他的日漸長大而逐漸撤退。

什麼是過渡客體？

過渡客體指的是能夠帶給嬰兒安全感的物品，比如小被子、柔軟玩具、布製品。過渡客體可以消化嬰兒必須和爸媽分離的複雜感受，也可以用來延續與爸媽之間的依附關係（這是一種包含社交需求與情感需求的親近關係）。爸媽們或許會覺得難以拿捏該如何撤退與撤退的速度。針對此一問題，溫尼考特認為，分離與獨立是個循序漸進的過程，而過渡客體將在這個過程中幫上忙。此外，過渡客體在孩子許多階段的發展中都扮演了重要角色，像是分離個體化、自我發展、創造力、同理心等。

過渡客體有哪些類型？

過渡客體有哪些類型？嬰兒會如何使用它呢？研究發現，大多數嬰兒喜歡小被子或可以咬的衣物，柔軟的玩具也相當受歡迎，只有極少數嬰兒喜歡堅硬的物品。他們通常會將過渡客體放在床上陪伴自己；當他們感到疲倦、不開心，或是待在陌生環境時，也想帶著它。嬰兒通常會抱著它，用身體感受它，用手指觸摸它，甚至將它靠近自己的臉龐磨蹭。很少有嬰兒會直接吸吮或咬它，但有部分嬰兒會一邊抱著它，一邊吸吮自己的手指頭來安撫自己。

過渡客體對睡眠的好處

過渡客體可以帶來安全感，而四～七個月嬰兒在入睡時正需要安全感，入睡這件事看似普通，對他們而言卻很奇怪，甚至是一件不安全的事。請從外星人的角度，試著想像自己是個從來不需要睡覺的外星人，但是來到地球之後，晚上開始需要睡覺，除了讓你好奇「為什麼需要睡覺？」甚至會抗拒身體疲累的感覺，害怕陪在身邊的爸媽會消失……

因此，在這個學習「要睡覺」的階段，在睡著之前製造安全感顯得特別重要。不少研究及臨床都顯示，過渡客體的陪伴對於睡眠有穩定的效果。

過渡客體的挑選建議

1. 選擇安全的玩具

四~七個月的嬰兒仍會用抓、咬、敲等方式玩玩具、探索身邊的物品，因此注重安全是第一考量。玩具不建議太小，若有緞帶、鈕釦、豆子和小塑膠零件都可能被誤食，建議盡量避免。

2. 爸媽的身體不適合當作客體

在過渡客體的建立過程中，要避免用爸媽身體的某一部分當作過渡客體。大多數時候，爸媽往往無法特別覺察，像是嬰兒一邊吸吮媽媽的乳房（或一邊用奶瓶喝奶），一邊又握著媽媽的手指、頭髮、衣角，這樣一來，這些媽媽身體的一部分都很容易成為嬰兒安全感的來源，要是媽媽一離開身邊，嬰兒就哭了，非常尷尬！此時應嘗試溫和的轉移，協助嬰兒對其他更適合的物品建立安全感。

3. 準備備用品

若嬰兒已能從某件小被子或柔軟玩具中獲得安全感，要他們接受它的突然消失是很困難的，將讓他們非常難過與失落。建議爸媽準備一模一樣的兩份，或讓寶貝有兩項以上的過渡客體，並在日常生活中協助他交替使用。由於觸感相同，而且兩份都有同樣的氣味，嬰兒會認為這兩份是同一個具有安撫作用的過渡客體。

4. 同時有不同選擇

儘管做了萬全的準備，喜愛的安撫物終有破損或消失的時候。此時可先觀察嬰兒的反應，也許他們會想找本來的過渡客體，要是你給予其他物品，他們可能很快就把它放在旁邊。不過，嬰兒仍有機會嘗試與其他物品建立安全感，就讓他們自己決定吧！

過渡客體的常見擔心

協助自家寶貝建立與過渡客體的關係時，爸媽或許一方面對於寶貝能有不同的安全感來源而放心，一方面看著寶貝對過渡客體的喜歡與依賴又產生了許多擔心。以下整理常見的擔心與相對應的解決策略：

■擔心一：想帶出門

◎設定合宜的界限

嬰兒或許會想帶著讓他／她感到安全的物品去任何地方。儘管四～七個月的嬰兒還不會用語言表達，但會用動作表示，像是用目光搜尋、雙手緊握物品，或是在你試圖從他們手中拿走物品時哇哇大哭。此時建議適時用語言回應孩子：「寶貝，我們可以把這隻小獅子放在家裡，小獅子是要陪你睡覺的，而且小獅子喜歡在家裡。」當然，如果你們評估平常習慣的過渡客體能帶出門，像是遠行，也可以帶著一起去。

◎提供其他選擇

如果你家嬰兒因為無法帶過渡客體出門而非常傷心，情緒強烈起伏，爸媽可嘗試拿出其他適合帶出門的物品，看看他們是否願意接受替代物。可以對他們說：「寶貝，我知道小獅子不能陪你出門，你好傷心；不過你記得小鴨子嗎（拿出小鴨子玩具）？小鴨子很想和我們一起出門呢，你帶著它一起去坐車車吧。」

■擔心二：戒不掉怎麼辦？

◎有時自然會戒掉

大多數孩子在四～五歲時進入幼稚園，接觸了更多有趣好玩的人事物，會自然減少對過渡客體的需求。當孩子觀察到其他孩子沒有在玩具分享日以外的時間，帶著自己的東西到學校時，孩子也會學習不要帶著它、學習讓自己融入群體。不要威脅或強迫孩子，跟隨他們的步調，讓他們學習如何面對分離。

如果你想知道如何透過心理學的技巧，提早戒掉孩子對過渡客體的依賴，尤其是一些影響較大的生活行為，比如容易帶來細菌的吸吮手指習慣，可以參考一三八頁。

◎戒不掉也沒關係

我們或許會發現，某些大人仍保有孩提時期的過渡客體，像是仍然習慣在睡覺時蓋著那條小被子，或是仍把那個舊舊的布娃娃放在床上。儘管如此，這些大人仍然可以與過渡客體分離，出門上學、上班，要是他們的發展和人際並未受到影響，就不需要太擔心。

常見睡眠狀況與問題

愛哭嬰兒的夜間情緒管理

嬰兒會哭、愛哭，這是非常常見的現象，而在減少嬰兒哭鬧之外，如何在嬰兒哭泣時，協助他們逐漸感受到舒適與安定，支持嬰兒發展出自我安撫的能力，才是我們更應該著力的部分！

該睡覺的嬰兒為什麼會一直哭泣？可能是肚子餓了、尿布溼了、生理的各種不舒服、心理情感的需求，亦或尋求關注。然而，由於每個嬰兒的先天氣質、生理狀態及生活環境各有差異，在面對個人狀態的不適或環境的變動時，呈現出來的反應也不盡相同。有些嬰兒動輒哭聲大作、驚天動地，激動莫名，令許多爸媽束手無策，尤其是夜間哭泣更是令照顧者身心俱疲。

或許大家都聽過這樣的建議：「嬰兒哭時，如果沒有肚子餓或尿布溼，就讓他們持續哭一會兒，不要開門進去看，也不要回應或安撫，嬰兒哭累了就會睡著。」然而，這樣做的風險是：嬰兒因此感到壓力，而且通常會更加清醒。尤其是你仍然忍不住去檢查嬰兒的狀態時，他就知道「下次我得哭這麼大聲、哭這麼久，爸爸媽媽才會進來」。

如果你的寶貝夜間經常哭泣，除了餵飽他們，更換尿布之外，請試試我們針對嬰兒夜間情緒管理所整理的「不哭法寶」與「安撫妙招」，協助你家寶貝從愛哭寶寶逐漸轉變為好眠寶寶！

不哭法寶

■一、建立固定模式的連結，讓寶寶知道「現在是晚上，要睡覺」

睡前或夜間（仍需夜奶的階段）依據嬰兒的體重與需求，在固定的間隔時間餵奶。固定時間之外盡量避免餵奶，減少夜間為了安撫而餵奶，否則有些嬰兒會需要吸吮媽媽的乳頭或奶瓶才能感到安慰。如果可以試著用其他安撫策略，嬰兒將逐漸學會不依賴媽媽的乳頭或奶瓶，就能減少為了尋求此類型安慰而醒來哭泣的次數。

■二、建立哭以外的表達方式，讓寶寶知道「我這樣做，爸媽就懂」

哭泣是此階段嬰兒的重要本能，他們透過哭泣表達生理需求（肚子餓、尿布溼），反應生理不適（疲倦、疼痛），呈現情緒（生氣、難過）。換言之，若能讓嬰兒學會其他表達方式，他們就不會一味哭泣。在陪伴嬰兒的過程中，若能透過觀察他們的臉部表情、牙牙語音與肢體語言，給予適切的關注，寶寶就會知道「我只要咿咿呀呀、拍拍地板、爬向爸爸媽媽，爸爸媽媽就知道我想要他們陪我」，進而學習到自己不需要藉由哭泣來引起爸媽的注意。

上述「不哭法寶」是針對嬰兒可能會哭的情境所做的事先防範，目的在於減少哭的次數。但在尚未建立固定作息，嬰兒還不會多樣的表達方式之前，哭泣往往是他們的首選，就算用了「不哭法寶」嬰兒仍然常常哭泣的時候，就該換「安撫妙招」上場了。

不哭法寶1

建立固定模式的連結

不哭法寶2

建立哭以外的表達方式

安撫妙招

一、親密安撫

小寶貝待在媽媽子宮裡時，會因為媽媽的移動所創造出來的輕微晃動而感到安定，因此抱著嬰兒時，輕微的左右搖晃，來回行走一段時間，有助於喚起他們的安定感。溫暖的肌膚接觸也能幫助他們穩定體溫、心跳速率及壓力荷爾蒙。與此同時，媽媽、爸爸、寶寶皆會釋放出催產素，能帶來愛與連結的感受。

不過，究竟要搖多久呢？時間的長短沒有一致標準，但隨著嬰兒的狀態逐步縮減安撫時間是個不錯的做法。另一種做法是「抱上放下」，就是嬰兒哭泣時，將他抱起來安撫，等嬰兒穩定之後（最理想的是在還沒完全睡著之前）就放下，讓他學會再次自行入睡，如此重複循環，直到嬰兒睡著。

二、陪伴安撫

所謂的陪伴安撫，指的是嬰兒哭泣時不把他抱起來，而是陪在他身邊，溫柔地唱著搖籃曲，輕輕撫摸他，輕拍他，握著他的手，藉此傳達「媽媽／爸爸就在這裡，你可以安心睡覺」。

依據臨床觀察，等到嬰兒更能理解爸媽的話語時，就可以嘗試運用讓他們感到安全感的物品（像是小玩偶）做為過渡客體，部分取代安撫的角色。舉例來說，若你家寶寶有一個喜歡的小獅子玩偶，爸媽就可以對他說：「小獅子好累喔，哈阿（打個哈欠），要準備睡覺了，小寶貝你帶著小獅子去床上躺躺吧！」

嬰兒若能建立良好的睡眠習慣與固定作息，學習哭泣以外的表達方式，同時運用合適的安撫策略，長期下來將幫助孩子在面對挑戰時，更能自我安頓與自我安撫。

親密安撫

溫暖的肌膚接觸
帶來愛與連結的感受

陪伴安撫

分化階段
找到陪伴的過渡個體

好眠祕笈　找到睡眠暗號，爸媽人生變彩色

這個時期的新手爸媽常遇到小寶貝怎麼哄都不睡，每次睡覺前都要大哭大鬧一番，或是一定要抱著，又或是需要開車出門「遊車河」一圈才肯睡等情況，為什麼呢？

主要的可能原因有三個。第一，嬰兒捨不得睡，還很想玩；第二，時間還沒到或是睡眠驅力累積得還不夠，白話講就是不夠累，電力還沒放完；第三，已經錯過了嬰兒真正要睡覺的時間點，很多時候他們已經想睡覺卻錯過了時間。錯過想睡階段後就會進入疲累階段，對嬰兒來說，此時的身體很累，想睡反而睡不著，因此覺得不舒服。

聰明的爸媽或許已經發現了，所謂「合適的睡覺時間點」不太容易抓，要嘛想睡的時間還沒到，要嘛錯過了想睡時間已進入疲累期。到底要怎麼判斷呢？建議大家透過觀察與不斷嘗試，找到自家寶貝專屬的「睡眠暗號」與「疲累訊號」。

睡眠暗號

希望嬰兒安穩入睡，爸媽首先要像偵探般學會敏感察覺小寶貝發出的睡眠暗號，如果抓對了這個暗號，再配合一些安撫入睡的儀式，不要等疲累訊號出現才準備睡覺，小寶貝通常就有較穩定及健康的睡眠。

睡眠暗號可分為三大類：

一、動作、反應變慢：肢體變慢、吸吮變弱。

二、動作、反應變少：聲音變小、對周遭興趣下降。

三、出現想睡的生理特徵：打哈欠、眼皮下垂、雙眼無神等。

當然，每個小寶貝就像不同的小小指揮家，各有各的習慣及偏好，無法使用相同的標準，爸媽需要不斷透過試誤法（try and error），找出屬於自家小寶貝的睡眠暗號。

這邊想提醒大家，如果一直找不到寶寶的睡眠暗號，可以尋求兒科、睡眠中心協助，有時因為一些身體不適（像是腸絞痛），可能干擾或是不容易出現睡眠暗號。

疲累訊號

如果在嬰兒發出睡眠暗號時，還持續和他們玩耍、講話，錯過想睡的時機，累過頭的小寶貝就會用他拿手的表達方式「一哭二鬧三歡歡」來抗議，我們稱之為疲累訊號。

疲累訊號大多是一些強度較高、情緒較明顯的動作表現，由於嬰兒無法清楚表達及辨識自己的生理需求，就會透過這類訊號反應給爸媽知道。常見像是：

一、揮動肢體、抓臉或拉耳朵。

二、易怒大吵、崩潰大哭。

三、過度揉眼睛、躁動不安。

出現疲累訊號時，除了更難安撫入睡，還會因為情緒亢奮而影響嬰兒的睡眠品質，當然也考驗爸媽的耐心。建議設法在疲累訊號出現以前，約莫提早二十～三十分鐘，多注意自家寶寶是否出現睡眠暗號，提早安撫入睡的儀式，改善這類狀況。

睡眠暗號	
變慢	肢體動作變慢
	吸吮減弱或變慢
	視覺、反應變慢
變少	活動力降低
	講話、聲音變少
	對周遭的人、玩具興趣下降
特徵	眼皮下垂、雙眼無神
	打哈欠
	注意力無法集中

疲累訊號
揮動肢體、抓臉或拉耳朵
易怒大吵、崩潰大哭
過度揉眼睛、躁動不安

接收到暗號進行安撫入睡儀式
(若有生理不適，如腸絞痛，
不易有暗號)

錯過睡眠暗號則會出現
過度疲累訊號，建議下次
可提早20分鐘安撫

親子共讀筆記

書本總算不只是用來吃的了

四～七個月的嬰兒已經到了喜歡把任何拿得到的東西都往嘴巴放的年紀，當然不只是吃，還會咬、抓、翻。建議爸媽準備質地厚實、不易破損又能放進嘴巴的圖畫書，如無毒且能咬的圖畫書、布書，或用厚紙板製作的紙板書。尤其要注意書的品質，應選擇油墨安全不易脫落的。

此外，四～七個月的嬰兒開始較能分辨色彩，對於溫暖明亮的顏色（如紅、黃、橘）更是喜歡，對於有意義的圖形或人臉更有反應，這些都可做為挑選圖畫書時的參考。

要提醒的是，由於三歲以下幼兒的視覺調焦能力與緩解疲勞能力較弱，因此和四～七個月大的嬰兒共讀時，建議以五分鐘為一個段落，讓他們適時休息。

閱讀指引

爸媽可以加上一些簡單的手勢，讓共讀過程更輕快有趣。例如：指著一張「寶寶揮手」的圖片，說「揮揮手」，同時做出揮手的動作。嬰兒會露出笑容，四～五個月嬰兒已經可以發出一些咿咿呀呀的語音，六～七個月嬰兒則會試著模仿你的動作，並且嘗試靠近你或靠近書籍，試圖與你互動，告訴你「我想和你一起玩」、「我想聽你講話」、「我想繼續聽這個故事」。

互動策略

■肢體動作

當你拿書給四～五個月的嬰兒看時，他會嘗試拿取或拍打書本，表示他對這本書有興趣；六～七個月的嬰兒則會有更多探索，像是咬書、翻書，用他們的方式「感受」這本書。爸媽可在此時扮演輔助者，寶貝若試圖拿書，就把書推向他們；寶貝若拍打書中某一張圖，與他們一起輕拍同一張圖。

■語言回應

當嬰兒用他們的方式（咬、抓、翻）去「感受」一本書時，你可以描述他們的行為。例如寶貝在翻書，你可以說「哇～你很好奇會看到什麼呢」；寶貝在咬書，你可以說「喔～好好吃喔」。

■睡前共讀這樣做

可以挑選翻翻書、觸覺書，大約是此階段嬰兒可以用雙手拿起的大小與重量。為了方便他們翻書，針對他們可能會咬書、撕書，可選擇厚紙板書。內容則以彩色視覺圖像為主，尤其是溫暖明亮的顏色，更能吸引嬰兒的注意。

睡覺前拿書給嬰兒看時，可以允許他們自由探索一小段時間，再協助他們一頁一頁翻下去。此時不需鼓勵寶貝盡情咬書或撕書，可簡單描述寶貝的行為，放慢說話節奏與肢體動作，並告訴他們準備要睡覺了。

給爸媽的悄悄話　寶寶從外星人開始變成地球人

許多爸媽都有種感覺，四～七個月的嬰兒彷彿從外星人變成地球人了呢！看著四～七個月的嬰兒，爸媽常歡天喜地覺得「寶貝是在看我吧？」、「寶貝一定是對著我笑」、「寶貝想摸我耶」。但是，寶寶的真實感覺是什麼？喜歡怎樣的互動方式呢？

十萬個為什麼，身體大探索

嬰兒會藉由自己觸摸自己，或他人觸摸自己，認識自己的身體輪廓。他們會玩自己的手手，吃自己的手手，看著自己的手手，還會想辦法把自己的腳丫丫抬起來嚐嚐看。嬰兒並不是很明確地知道「喔～這是我的手手和腳丫，我可以控制它」，所以會好奇地移動自己的手和腳，這是他們認識自己的方式之一。此時爸媽可以在一旁陪伴，或單純敘述他們的動作，如「喔～吃手手」、「這是寶貝的手手」，不需急著介入太多評價，例如「不要吃手手，好髒喔」、「這樣壞寶寶喔」，這對嬰兒沒有幫助。此外，他們也會透過發出聲音或大聲哭泣而聽到屬於自己的聲音，爸媽可以適時給予回應，讓寶貝知道這是有意義的聲音，而感受到你們的關注。

我是個好奇寶寶，五感大體驗

■視覺

嬰兒的視覺從出生後呈階段性發展，並在三個月大後開始對色彩較有反應，能建立立體空間的概念，並產生細節辨識的能力，常常會盯著人看。沒錯，寶貝真的是在看你喔！當你觀察到嬰兒正用眼睛看著你，露出微笑或發出語音，試著靠近你時，他們正是在邀請你，此時你可以加入，與寶貝一起分享這個有趣的過程。

■聽覺

嬰兒的聽覺從出生就已具備，一般來說，沒有聽力障礙的嬰兒能分辨爸爸媽媽的聲音，也會對其他嬰兒的哭聲有反應，尤其喜歡聲調有豐富變化的聲音。不過，他們無法從很多種同時發出的聲音中，挑選出對自己有意義的聲音並持續傾聽，因此和四～七個月的嬰兒對話與互動時，應避免在環境中出現過多聲音。

相信許多爸媽在懷孕階段就已準備了各式各樣玩具；寶寶出生後，身邊朋友經常鼓勵透過玩具啟發嬰兒的發展。然而，嬰兒從安全舒適的子宮來到這個複雜多樣的世界，其實難以一下子承擔如此大量的環境刺激。玩具若是過多，在嬰兒的身旁四處擺動、滾動、發出奇怪的聲響（如會吱吱叫的娃娃，嬰兒並不知道那是什麼聲音），反而會讓他們感到不適與緊張，為之哭鬧不止。建議在嬰兒旁邊先安排一～三樣玩具即可，等他們探索一段時間之後，再更換玩具或增加玩具數量，以協助他們逐漸適應環境的變化。

■觸覺

嬰兒偏好透過觸覺來探索環境。他們可以感覺冷熱與疼痛，也能分辨物品柔軟或粗糙的觸感。爸媽可準備各式各樣不同的物品與玩具，輪流放在他們的身邊，像是紗布巾、固齒器、手搖鈴、積木等，或是讓他們接觸不同材質的地面，如磁磚、木板、巧拼、地毯等，都是一種新鮮感。由於嬰兒到了六個月大時，抓握反應將逐漸增多與穩定，此時可觀察他們對哪一種觸感的玩具有興趣，多多準備，做為過渡客體的選擇之一。

■嗅覺

嬰兒會展現出對氣味的喜歡或排斥。這個階段的嬰兒已經可以記住不同的氣味，因此聞到爸媽的味道時，情緒會比較穩定。可以準備爸媽穿過的衣服，或是芳香四溢的水果如香蕉、柳橙，讓嬰兒在環境中自然聞到這些氣味。此外，環境中應避免太強烈的氣味，也不要讓嬰兒靠近嗅聞，以免嗅覺受到過度刺激。

■味覺

嬰兒會展現對味道的本能反應。吃到甜味、酸味、苦味時，嬰兒會出現不同的表情，以此表達他們的偏好。吃手和咬玩具都是一種刺激味覺的形式，固齒器因此相對受到爸媽的歡迎。

我好喜歡你們，建立親密感

寶寶從出生開始就有親密情感的需求，親密關係是寶寶出生之後建立的第一個人際關係。寶寶會透過與爸媽之間的語言與肢體互動來感受到你們的愛。

四～七個月的嬰兒已經開始有簡單語音，爸媽可多猜測他們的感覺，並用很簡單的疊字或詞彙說出來。當你說話時，如果嬰兒的表情有變化或是發出咿咿呀呀的語音，可適時給予安撫的語言與動作。例如抱著寶貝，說「喔～寶貝累累，媽咪抱抱」。請把此時期嬰兒的語音當作他們在對你說話。

嬰兒若想吸吮手指或玩具，這是他們安撫自己的方式，爸媽應注意清潔，並適時允許他們的自我安撫舉動。和嬰兒互動時不需要時時刻刻把他們抱在身上，讓他們在你身旁遊戲也很好，這麼做可以幫助嬰兒更勇於探索環境，並在玩耍的過程中獲得自信。

八～十二個月：睡眠分界期

學習睡過夜的幼兒

PK

要成為睡眠訓練師的爸媽

睡眠發展

夜間主睡眠拉長的明顯分界線

睡眠情況

褪黑激素的發展從半歲至這個階段已逐漸穩定，晚上連續睡的機會相較六個月之前大增，主睡眠已可集中在晚上，約十～十四個小時。若再加上白天的睡眠，每日睡眠總時間約十二～十六個小時。白天會有兩段較明顯的睡眠，可安排上午小睡一～兩小時，下午再睡一～兩小時的模式。如果還需要其他時間小睡，建議其他小睡時間要短於半小時。

此階段的主睡眠已經成熟，爸媽最主要的任務就是讓主睡眠可以好好啟動及維持，也就是新手爸媽最關心的好好入睡與睡過夜。而如何好好入睡與睡過夜這兩個主軸，正是接下來一到二歲、二到四歲、四到六歲這幾章的核心，我們會針對不同階段給予不同睡前儀式的建議與提醒。

在八～十二個月這個階段，首要任務是思考與設計自家幼兒的專屬睡前儀式。眾多研究指出，良好的睡前儀式能讓幼兒的睡眠更安穩，不僅入睡更容易，也可以改善半夜醒來的情況，甚至有助於母親的情緒加分。

■喝奶情況

同樣建議睡前吃喝多一些。如果是全母奶，建議或許可以吸久一點，不要因為幼兒睡著或想讓幼兒早點睡而減量。當然，母奶有供需平衡的問題，初期不見得多吸就可以多喝到，再加上母奶的吸收消化較快，相較之下幼兒比較快餓，全母奶的幼兒睡前要喝多一些有其先天限制。建議若本來就不是全母奶的幼兒，睡前可改成配方奶，或是母奶加配方奶，利用需要比較多時間消化的配方奶來延長下一次餓的時間。

睡眠特色

睡眠循環周期，幼兒的第一堂課

睡眠總長度

每天睡眠總時間約十二～十六個小時，和四～七個月時接近。我們參考美國兒科醫學會整理的兒童及青少年在不同年齡階段的「每日睡眠時數」（含午睡）方針（見五十四頁）、其他相關研究與調查資料，針對八～十二個月的幼兒，建議每日睡眠時數為十二～十六個小時。

做夢睡眠多寡

睡眠過程可分為不同的階段，並簡單區分為「快速動眼睡眠／做夢睡眠」及「非快速動眼睡眠」。

	睡眠總時數	晚上睡眠時數	小睡次數	關鍵建議
新生兒（2周前）	睡眠尚沒有固定的規律			褪黑激素未形成，白天順其睡眠需求
新生兒（3-4周）	約16-19小時		多次以上片段睡眠	褪黑激素未形成，尚無明顯夜裡主要睡眠區分
新生兒（2-3個月）	約15-18小時	仍無明顯夜眠，最長約4-6小時	5-6次片段睡眠	褪黑激素開始形成，代表夜眠開始拉長
嬰兒（4-7個月）	約13-17小時	約在11-14小時左右，常見夜眠型態為多次醒來	2-3段或更多次片段睡眠	因褪黑激素穩定，主要睡眠可集中在太陽下山的夜晚
幼兒（8-12個月）	約12-16小時	約10-14小時	2-3段	白天小睡開始配合生理時鐘而有其規律性
小小孩（1-2歲）	約11-14小時	約9-13小時	1-2段（下午為主早上為輔）	午睡逐漸穩定，可配合白天照光，夜眠關燈來穩定生理時鐘
小孩（2-4歲）	約10-13小時	約9-12小時	1次（下午為主）	午睡要固定。要避免太長或太晚的午睡，以免影響主睡眠
學齡前兒童（4-6歲）	約10-13小時，6歲縮短為9-12小時	約8-12小時	1次（下午為主）或不需要	合適的午睡時間對於記憶鞏固與學習有很大的幫助

「快速動眼睡眠／做夢睡眠」階段的腦波型態較其他睡眠階段清醒與活躍，大腦積極運作的狀態和清醒程度差不多，心跳及呼吸變快與不規則，眼皮下的眼球會出現快速的左右轉動，所以稱為快速動眼睡眠。若在這個階段被喚醒，多數人會說自己剛剛正在做夢，所以也稱為做夢睡眠。快速動眼睡眠的主要功能與記憶鞏固、情緒調節等有關。

並非只有快速動眼期會做夢，事實上其他睡眠階段同樣會做夢。之所以將快速動眼期稱為「做夢睡眠」是因為研究發現，在快速動眼期喚醒研究參與者，參與者回報自己正在做夢比例高達八十％！

「非快速動眼睡眠」又分為「淺睡眠」及「深睡眠」，此階段的腦波型態雖然持續活動，但會漸漸變緩、變慢，尤其進入深睡期時，腦波、心跳及呼吸等生理訊號會變得緩慢且規律，不容易被叫醒。非快速動眼睡眠的主要功能與分泌生長激素、身體修復等有關。

從左頁的圖可以看見，小孩做夢的比重較高，年紀愈小做夢量愈多。剛出生的新生兒

不同年齡層的睡眠總時數與睡眠階段比例

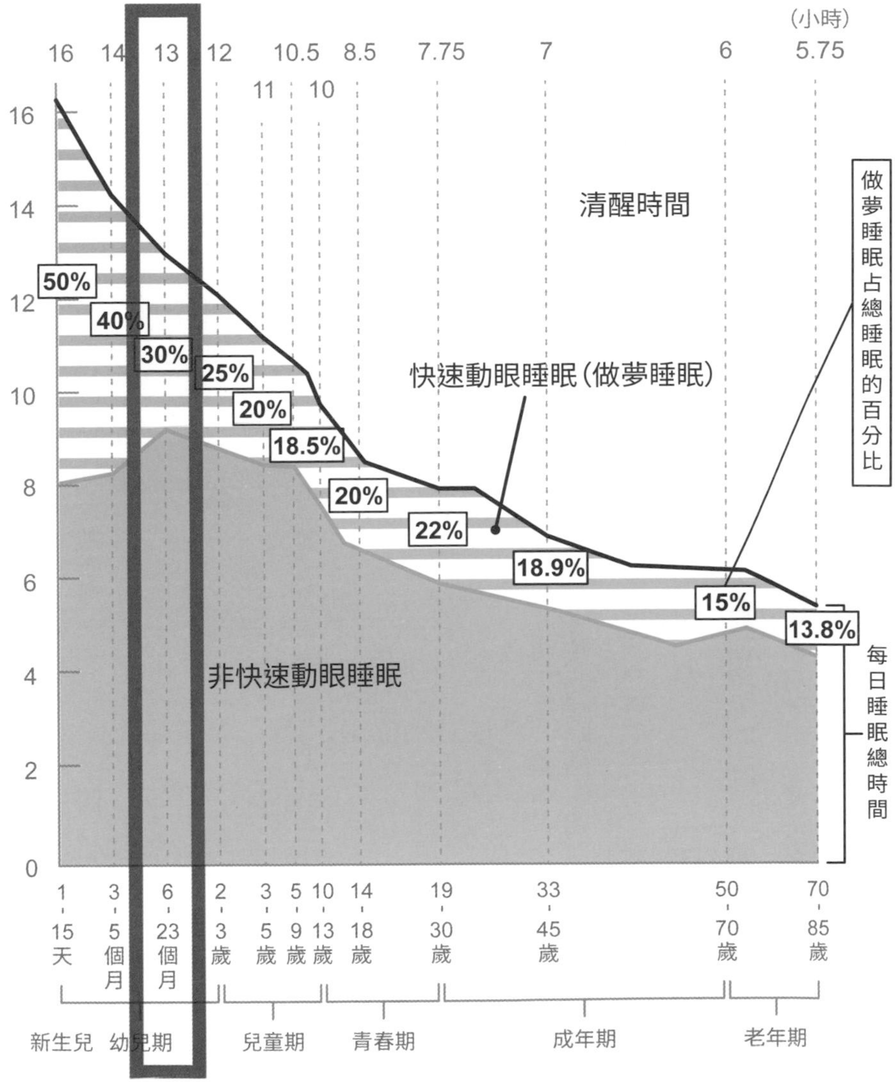

From: Howard P. Roffwarg

有五十％以上的做夢睡眠，甚至可以很快進入做夢睡眠，八～十二個月的幼兒仍有三十％的做夢睡眠，成人只有約二十％。

大量的做夢睡眠和此階段幼兒的腦部正在快速成長發育有關，需要大量的做夢睡眠來處理白天的記憶、學習與情緒，透過做夢睡眠「記住要記住的，丟掉不要記住的」。所以說，讓小孩好好做夢吧，不要以為他們的眼睛動來動去就代表清醒而把小孩叫醒，也許是大腦正在處理記憶唷！

睡眠循環周期

睡眠循環周期代表了睡眠穩定程度的變化。一個完整的睡眠循環周期中，「清醒」、「非快速動眼睡眠」與「快速動眼睡眠／做夢睡眠」會輪流發生。一般而言，下半夜的「快速動眼睡眠／做夢睡眠」比重較高。

睡眠循環周期會隨著年紀而變動，年紀愈小，睡眠循環周期愈短，愈容易醒。若戲稱一個睡眠循環周期為一堂課，那麼新生兒的上課時間比較短，很快就下課（清醒），進入八～十二個月幼兒期後，每一堂課就開始拉長了。

新生兒期的睡眠循環比較簡單，一般分為「安靜睡眠期」（接近非快速動眼睡眠）和「活動睡眠期」（接近快速動眼睡眠／做夢睡眠），周期約為四十～五十分鐘。睡眠循環周期中間會出現「清醒」階段，所以新生兒很容易醒來，平均一個晚上會醒來五到十次不等。

八～十二個月幼兒的睡眠循環開始變得多元，像是非快速動眼睡眠可再細分為淺睡眠及深睡眠，睡眠循環周期的長度也增加了，約五十～八十分鐘不等。整體而言，此階段的睡眠穩定度比新生兒好很多，不過做夢睡眠的比例仍然很高，較活躍的腦波型態讓八～十二個月的幼兒還是很容易醒來。

等到四～六歲的學齡前孩童，睡眠循環周期更長，約六十～九十分鐘不等，整晚睡眠的穩定度更高。

睡眠 vs 心理發展

擁抱可以改善焦慮、促進睡眠

從嬰兒四～七個月大，爸媽就開始協助寶貝練習使用合適的過渡客體，希望能替代爸媽時時刻刻的陪伴與無微不至的照顧。進入八～十二個月時，則將面臨一個新挑戰——「陌生人焦慮」（Stranger Anxiety），它可能會使幼兒變得緊張，需要更多安撫，也可能讓幼兒在夜間需要更多陪伴。

心理－相互回應期

溫尼考特指出，要順利協助幼兒的自我分化與結構化，可從「身體需求」與「相互情感需求」出發，此時期除了適時回應幼兒的生理需求如肚子餓、想睡覺，遊戲也會形塑相當重要的經驗。在遊戲的互動之中，爸媽可透過安撫的語言與擁抱，滿足幼兒的情感需求，還可以把幼兒喜歡的互動方式納入睡前儀式。

馬勒（Margret S. Mahler）則指出，幼兒的陌生人焦慮會在六～八個月開始出現，並在八～十個月逐漸達到高峰。由於陌生人焦慮對於幼兒的白天適應力與夜間睡眠皆有影響，適時回應幼兒的感受，降低陌生人焦慮，能夠提升他們的適應。

什麼是「陌生人焦慮」？

陌生人焦慮指的是，當幼兒接觸到不熟悉的人時會感到不舒服，甚至感到害怕。儘管幼兒身處他感覺安全的環境、讓他安心的照顧者就在附近，這種情形仍然可能發生。大約七～八個月的幼兒已經能夠對陌生人與陌生環境產生較高的警覺，且更傾向由主要照顧者來照顧自己。一歲左右的小小孩則會用行動來反映他們的焦慮，例如緊抓主要照顧者的手與腿，尋求抱抱與安撫等。

陌生人焦慮雖然是幼兒成長過程的正常現象，但是每個小孩展現出來的陌生人焦慮反應，會因為個人氣質、環境變動與照顧者的處理方式而有所差異。有些幼兒會突然間變得安靜或是不做任何反應，並以逃避或害怕的表情看著陌生人；有些幼兒會很激動並哭泣；有些幼兒會盡可能想躲在照顧者的懷抱中，將自己隱藏起來。

陌生人焦慮vs睡眠

拉瓦利（Kristen Lavallee）等人二〇〇四年的研究指出，對於日後出現較為明顯的分離焦慮，幼兒時期的陌生人焦慮是一明確的預測因子。若按精神分析的觀點，幼兒在清醒時會感受到與爸媽的連結，準備去睡覺時則會經驗到即將分離，並為此感到緊張、挫折與無助，尤其是分離焦慮感很強烈的幼兒，將更加難以準備睡覺與入睡。依據依附理論（Attachment Theory），黑暗與孤單反映著危險，而這些顯然都在夜間發生，可能促使有些幼兒常在夜間哭泣，以尋求更多擁抱與安全感。

簡言之，陌生人焦慮不僅影響幼兒白天面對不熟悉他人的反應與心理適應；夜間環境的安排與照顧者的選擇也會影響夜間的睡眠品質，還會增加日後分離焦慮的強度，實在值得爸媽好好了解與重視！

如何處理陌生人焦慮？

當幼兒有陌生人焦慮時，以下五項建議不僅可以協助你的寶貝，也能讓其他家人和朋友了解該如何與幼兒互動。這五項建議有時間順序性，從陌生人出現前到出現後，接下來依序解說：

1. 事先告知朋友

讓其他家人和朋友知道幼兒正處於陌生人焦慮的階段，會有緊張、害怕的表情與反應，這樣能讓他人調整自身與幼兒的互動方式，讓他們更了解幼兒的狀況，能夠對幼兒的拒絕釋懷。

2. 教導如何接近幼兒

有不熟悉的大人來訪時（不論是親戚或朋友），指導他們以溫和緩慢的方式靠近幼兒，包括講話的音量較小、速度較慢、走路步伐較輕等，可先離幼兒一段距離，然後再慢慢靠近。要避免冒然接近幼兒、突然將幼兒抱起、近距離貼近幼兒，這些舉動都會令幼兒感到焦慮。

3. **抱著幼兒說話**

抱著幼兒並介紹陌生人給幼兒，你的安撫和有熟悉的家人在身邊陪伴，都能帶給幼兒安全感。另外，盡量由爸媽負責介紹，而不是新朋友直接向幼兒說話。

4. **認識更多新朋友**

帶幼兒到遊戲室、公園等地方，介紹你的朋友給幼兒認識，讓幼兒有機會每隔一段時間就接觸到新面孔，而且你就在幼兒的身旁，提供他安全感。

5. **接納幼兒的所有感受**

幼兒對陌生人會感到緊張、害怕，是成長中非常自然的反應，爸媽應接納、尊重、給予安撫。切莫忽略幼兒的感受，或為他貼上不合適的標籤（例如說「寶貝，不可以這麼害怕」），這都可能會讓幼兒的害怕變得更嚴重。

常見睡眠狀況與問題

睡過夜真的真的不用急

八～十二個月的幼兒到底什麼時候可以睡過夜，很可能是這階段爸媽最在意的睡眠問題。

在此一階段，由於晚上已經逐漸有長時間的主睡眠了，「睡過夜」想必是家中的敏感話題。還沒睡過夜的，爸媽苦苦等候何時可以睡過夜、期盼擁有更多自由；已能睡過夜的，心中喜悅滿滿，卻又擔心會出現睡眠退化、某天突然又無法睡過夜。

首先一定要提醒大家，你在意的「睡過夜」議題是所有人都有過的共同經歷，你絕對不孤單！再來也一定要與大家分享，可以睡過夜的幼兒其實是少數，大多數八～十二個月幼兒才剛剛學習與養成「晚上要好好睡覺」這件事，沒有辦法睡過夜很常見！

以下研究與臨床經驗將告訴大家，沒有睡過夜真的不用太擔心，不用操之過急。除了討論無法睡過夜的原因，也會分享如何培養睡過夜的技巧與方法。

心理學碩士兼行為治療師卡斯特尚（Annette Kast-Zahn）與小兒科醫師摩根洛特

（Hartmut Morgenroth）分享了他們在德國進行的研究。該研究針對四周到四歲嬰幼兒進行睡眠狀態調查，結果顯示如下圖與左下圖。

四～六周大的新生兒有六％可以睡過夜，並有五十五％在夜裡醒來不超過兩次；三～四個月的嬰兒有三十六％可以睡過夜，並有六十八％在夜裡醒來不超過兩次；六～七個月的嬰兒有三十八％可以睡過夜，並有六十二％在夜裡醒來不超過兩次；一歲幼兒有五十三％可以睡過夜，並有七十八％在夜裡醒來不超過兩次。兩歲小孩有三十九％可以睡過夜，並有七十六％在夜裡

嬰幼兒睡過夜比率分佈圖

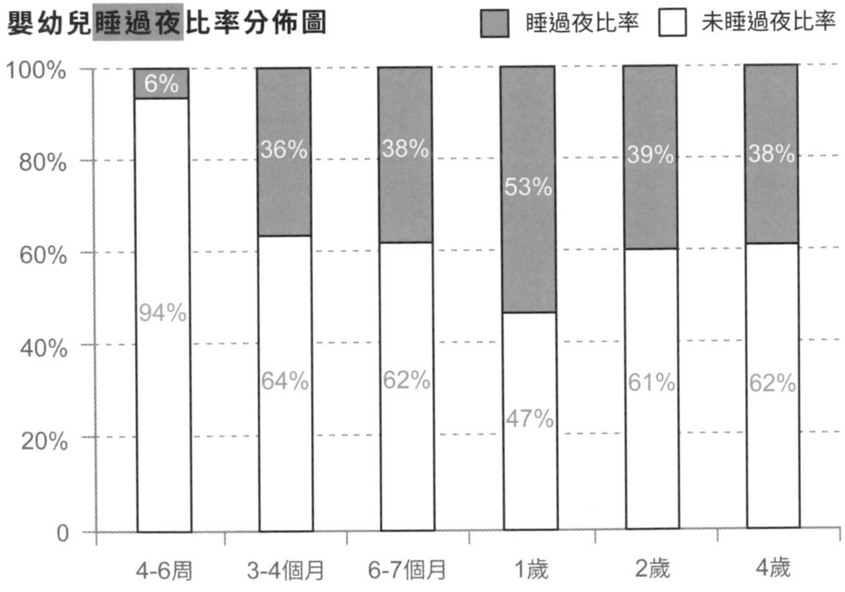

醒來不超過兩次；四歲以後兒童有三十八%可以睡過夜，並有九十三%在夜裡醒來不超過兩次，意即夜裡醒來兩次以上的比率已降低至七%。

藉由該調查結果可知，嬰幼兒一歲以前無法睡過夜非常常見，甚至在四歲以前仍有接近三分之一到四分之一的嬰幼兒無法睡過夜。讀到這裡，新手爸媽們有沒有大大鬆一口氣呢？

不過，仔細查看數據會發現，睡過夜的最大值剛好落在一歲，甚至可說是圖表裡唯一超過五十%的階段，這是嬰幼兒在睡眠荷爾蒙穩

嬰幼兒夜裡醒來兩次以下比率分佈圖

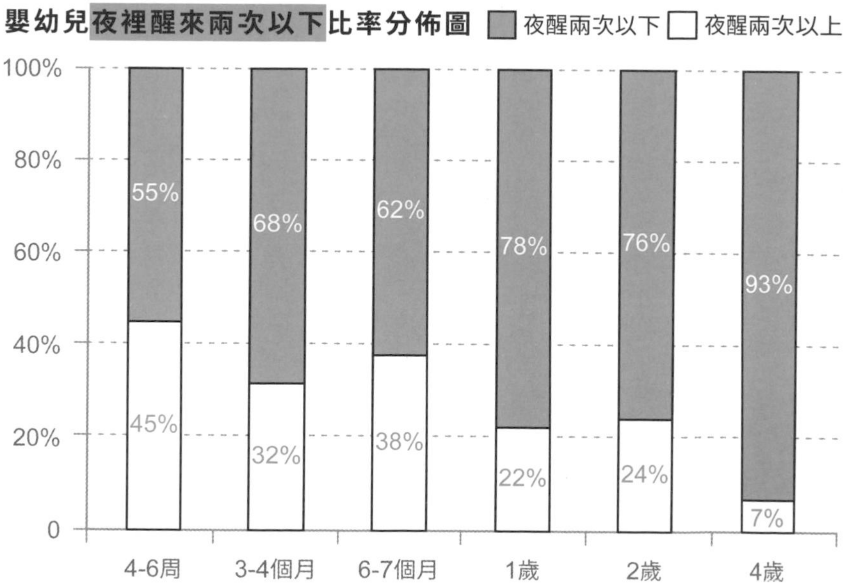

定之後，剛剛學會睡眠的小甜蜜期。

眼尖的讀者一定發現到，睡過夜的比例在一歲之後怎麼反而下降了？從五十三％下降到三十八～三十九％。正因如此，我們才一直提醒大家，千萬不要太在意本來能睡過夜的嬰幼兒突然無法睡過夜，這是很有可能發生的。

另一方面，雖然此階段嬰幼兒仍有一定的比例無法睡過夜，但夜裡醒來的次數將穩定減少，夜裡醒來兩次以上的一歲嬰幼兒只剩二十二％，四歲以後更只剩下七％。

為什麼無法睡過夜的比例在一歲～四歲之間會略微增加呢？很可能和之後各階段都會出現不同的新狀況有關，有些時候我們稱之為睡眠退化。睡眠退化大多找得到原因，通常是短期的。

想誠心建議大家，面對嬰幼兒無法睡過夜的情形，可採用「消極但正向的心態」來面對，深深地嘆一口氣，再帶著微笑告訴自己：「雖然寶貝現在無法睡過夜，不過沒關係，總有一天會等到」。左頁「不同階段常見的睡眠退化原因」簡表提供了更多視角供爸媽們參考！

	主因	說明	新手爸媽「可以這樣想」
0-3個月	睡眠荷爾蒙	睡眠荷爾蒙「褪黑激素」在第三個月才穩定，所以可能分不清白日和夜晚	別太強求囉！三個月後也許會比較好
3-6個月	成長衝刺期	成長中的嬰幼兒會縮短餵奶間隔，當然也包含夜奶，尤其是全親餵的嬰幼兒	為了嬰幼兒健康成長，再忍一下吧
6-12個月	幼兒發牙期	幼兒的牙床冒出乳牙時會出現一些身體不適，更會因此日夜哭鬧	牙長出來就沒事了吧
12-18個月	睡眠退化期	原本晚上可睡過夜，可能會偶爾出現，晚上無預警醒過來的情況	不用太擔心這狀況不常見，也不會維持太久的

十八個月後，爸媽可以這樣想：「不管如何，小孩總有一天會睡過夜的！」真的，很多爸媽最後都是抱著這樣的信念，只要有了這個念頭，突然間就會覺得安心不少。真的是不管如何，小孩總有一天會睡過夜啊！只是早與晚的問題罷了，只要狀況不嚴重，不用太操心。過度的操心與焦慮可能會讓小孩感受到這份焦慮，反過來又影響了彼此。

當然也要提醒，前頁圖表中的「新手爸媽可以這樣想」，來自於我們蒐集了許多爸媽經驗談之後的整理，談不上是具體的醫療建議，但對於正在焦慮自家寶貝為什麼無法睡過夜的父母來說，常有茅塞頓開、心情突然開闊的效果。當然，如果睡眠狀況真的很差，影響了生長、發育或情緒，還是要找專業醫師或臨床心理師喔！

好眠祕笈

睡過夜的關鍵——養成良好的睡前儀式

睡前儀式的養成不只在這個時期很重要，而是直到學齡前都要隨著幼兒的喜好與心理發展不斷調整。以八～十二個月階段來說，幼兒此時已有較多語音，已有能力回應照顧者，可以多多強調互動，諸如看書、說故事、唱歌、唱安眠曲，說親密話語、抱抱或互道晚安等，除了能增加親子互動，也是很適合的睡前儀式。明德爾博士（Jodi A. Mindell）的研究更指出，睡前儀式如果可以天天進行，幼兒睡眠就會愈好！

相信每位家長都聽說過各式各樣的睡前儀式，正常且合適的常見如：洗澡、換睡衣、床邊小遊戲、說故事、輕柔按摩、擁抱、唱安眠曲等。這裡無法幫每一位家長找出通用的安撫入睡儀式，除了每個幼兒都擁有獨一無二的氣質之外，更因為「沒有正確的睡眠儀式，只有正確的原則與觀念」。

那麼，想成為睡眠訓練師的爸媽，該如何設計專屬於自家幼兒的安撫入睡儀式呢？建議參考以下「安撫入睡4R原則」。

安撫入睡4R原則

■安撫資源（Resources）

是否有爸爸、長輩或其他家人可以做為安撫資源是個很重要的環節，不要讓睡前的安撫總是由媽媽執行，除了會增加媽媽的壓力，也會讓幼兒只習慣媽媽的安撫，一旦媽媽外出或不在，幼兒就可能極難安撫入睡了。

■減少刺激（Reduce Stimulate）

睡前要減少過多的刺激，建議降低環境噪音，光線調弱，可使用窗簾調節室內光線，建議睡前不使用3C產品，當然也要避免過多的飲食。

■安靜活動（Rest Activities）

挑選的活動建議以安靜為最重要原則，主要目的是讓幼兒感到舒服、放鬆、安全，如果要講話或唱安眠曲，記得輕聲細語。

■固定一致（Ritualized）

不論最後挑選了哪些活動，專家研究或臨床經驗都建議，這些活動的組合及順序要盡可能固定一致，讓幼兒知道做完這些固定一致的活動後，爸爸媽媽就會準備讓自己睡覺，自己該乖乖睡覺了！

明德爾在二〇〇九年的《睡眠》期刊指出，不管是七～十八個月的嬰兒或十八～三十六個月的幼兒，養成睡前安撫入睡儀式化除了能改善入睡情況、減少半夜醒來時間、提高睡眠連續性，甚至可以幫助改善母親的情緒，母親的緊張、疲累、生氣等各項情緒指標，都因為三周的固定安撫入睡儀式而有所改善。值得一提的是，明德爾在此實驗中採用的入睡儀式，與「安撫入睡４Ｒ原則」相同，如洗澡後輕柔按摩、唱安眠曲、睡前擁抱等。

睡前5B

安排睡前儀式時，首先要抓對睡眠暗號，並用「安撫入睡４Ｒ原則」挑選適合的睡前儀式，避免踩到幼兒的地雷。如果還是不知道怎麼安排睡前儀式，可以試試我們參考美國兒科學會、相關研究與臨床經驗後擬定的「睡前５Ｂ」：

Bath「洗澡」

Milk + **B**rush「喝奶＋刷牙」

Song or **B**ook「安眠曲／講故事」

Body-massage or **B**ody-touch「按摩／擁抱」

Bed「規律上床」

當然在實際應用上，每個家庭因習慣不同可有所調整，甚至配合睡前的時間而減少或增加。比如有些八～十二個月的幼兒已經沒有喝睡前奶的習慣了，就可省略「喝奶＋刷牙」，變成「睡前４B」。

如同我們一開始強調的，這些方法與建議都根據研究及臨床經驗整理而來，但都有極大的彈性，是可以變動的，最重要的是所有行為的原則都應符合「安撫入睡４R原則」，比如都要減少刺激及安靜，總不能在唱安眠曲或講故事時，挑選太亢奮的歌曲或太複雜的故事。

此處建議的幾個動作以睡眠醫學及心理學的立場而言同樣適當。以洗澡來說，洗澡本身就是一種能帶來舒服效果的行為，此階段的幼兒大多喜歡在澡盆裡玩水，洗澡時和爸媽的互動更是一個美好的交流，此習慣的養成有助於日後成人的睡眠情況，因為睡前洗澡可

讓寶寶乖乖睡覺的5B儀式

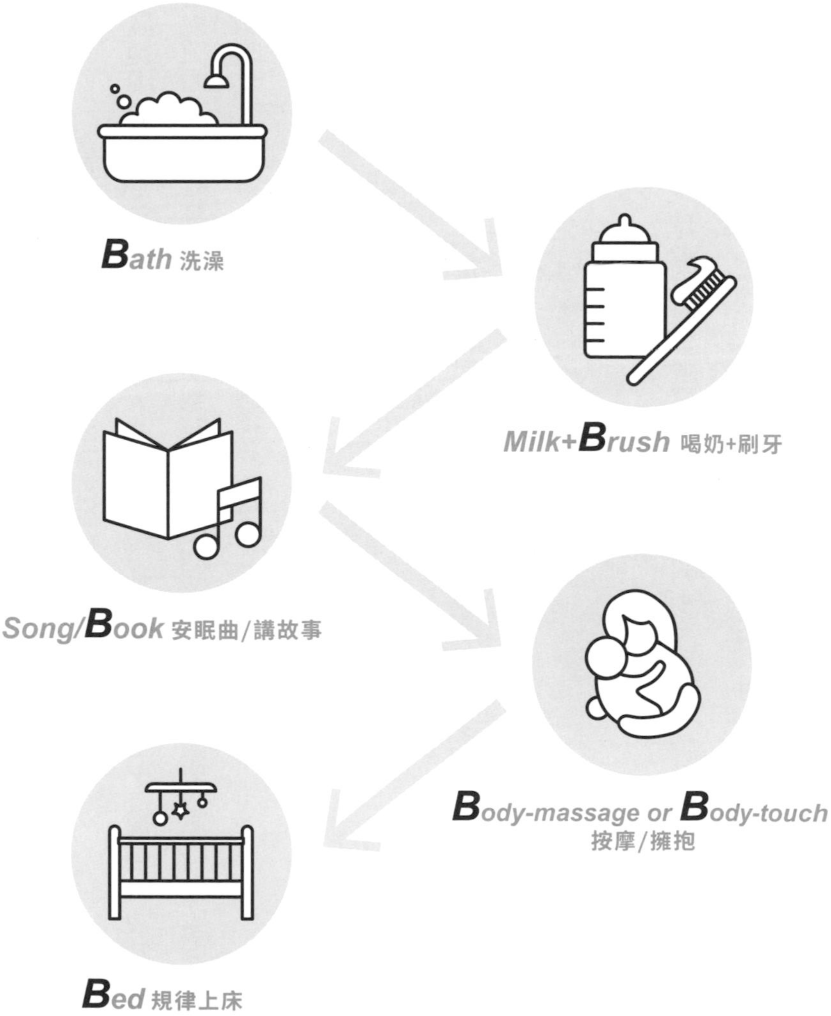

以讓人體的核心體溫升高後再下降，有助於啟動睡眠。

另一方面，「安眠曲／講故事」和「按摩／擁抱」著重的則是與爸媽的互動，同時顧及語言與肢體兩個層面。一如我們在四～七個月階段就提到的（見七十八頁），幼兒會透過與爸媽之間的語言與肢體互動，感受到爸媽對自己的愛，若能在上床睡覺前接收到媽媽和爸爸滿滿的愛，想必有助於擁抱甜甜的美夢。

如何啟動睡眠儀式？

爸媽想必會問，睡眠儀式應該在何時啟動呢？由於睡眠暗號、生理時鐘與睡眠驅力都和睡眠時間與睡前儀式密切相關，以下分別描述：

■睡眠暗號

睡眠暗號是四～七個月階段的好眠祕笈重點（見七十一頁），請設法找到自家寶貝的睡眠暗號，因為暗號出現時，就是最適合啟動睡眠與睡前儀式的時機。要特別注意的是，○～三個月的新生兒生理時鐘剛剛開始穩定，生理時鐘提供的線索較弱，睡眠暗號因此更加重要。

■生理時鐘

但是，總不可能直到看見睡眠暗號才啟動睡眠吧？這樣照顧者不就什麼事都不用做了，得時時刻刻觀察留意。事實上睡眠暗號雖然重要，但有點類似階段性任務，嬰兒在六、七個月之前正在學習睡眠，白天的小睡分成很多段，所以先觀察睡眠暗號再啟動睡眠更顯重要。

等到寶寶大一點，生理時鐘慢慢穩定了，有時不需要睡眠暗號，只要時間到了，幾乎就是啟動睡眠的時機點，當然，這個前提是大人要協助讓他們的生理時鐘穩定下來。

如何穩定生理時鐘，其中包含了〇～三個月階段就提到的白天多照日光，建立白天與夜晚的區隔（見二十七頁）。此外，每一段睡眠時間應逐漸固定下來，特別是主要睡眠的起床時間愈固定愈好。

換言之，寶寶六、七個月之後，啟動睡眠時除了考量睡眠暗號，還可以加入生理時鐘的概念。

■睡眠驅力

很多爸媽一定都遇過以下情況：明明生理時鐘到了，但一直等不到睡眠暗號，因此很難啟動生理時鐘。這種情況很可能和幼兒的睡眠驅力建立不足有關，睡眠驅力之所以不足，可從「清醒時間」和「活動量」兩項來談。

一歲之前的嬰幼兒通常有二、三段白天小睡，有時白天小睡睡太多，與下一段小睡或晚上的主睡眠太靠近，「清醒時間」間隔太短，導致不夠累，睡眠驅力累積不足。如果下一段睡眠的生理時鐘到了卻很難哄睡，很可能就和兩段睡眠中間的「清醒時間」太短有關。建議縮短上一段的小睡時間，以維持足夠的清醒時間。清醒時間的長度會隨著小孩的年齡增長而拉長。

另外，如果兩段睡眠之間，幼兒的「活動量」不高，也可能會降低睡眠驅力，一樣導致生理時鐘已經接近了，啟動睡前儀式卻沒有效果的情況；相反的，若活動量明顯增加，幼兒很可能提早出現睡眠暗號，甚至因為太累而在生理時鐘接近時，直接出現疲累訊號。換言之，如果能讓小孩擁有充足的活動量，在生理時鐘接近前，可先觀察是否已出現睡眠暗號，意味可以提早啟動睡前儀式。

最後針對「睡眠暗號」、「生理時鐘」、「睡眠驅力」這三者與睡前儀式、與小孩年齡之間的關聯做一總結。在小孩六、七個月之前，尤其是三個月之前，因為生理時鐘尚未穩定，睡眠暗號是最重要的睡前線索。等到生理時鐘逐漸穩定之後（約六、七個月），生理時鐘則是相對重要的睡前線索，而且直到長大，所以要盡量保持生理時鐘的規律與穩定。

另一方面，要是清醒時間太短、活動量不足，睡眠驅力不夠，也會因為不夠累而無法啟動睡眠，應讓兩段睡眠之間的清醒時間隨年齡拉長，或是透過提高活動量的方式，讓睡眠啟動和睡前儀式更加穩定。

親子共讀筆記

模仿是學習與互動的好途徑

八～十二個月的幼兒通常已經可以坐起來，爸媽可將寶貝抱在膝上一起閱讀，開始帶著他們摸書、翻書，盡量不要再撕書、咬書。此階段幼兒會想學習爸媽的閱讀方式，比如爸媽指著圖畫書的封面、為之命名，幼兒會覺得新鮮，會學習到更多詞彙。

八～十二個月的幼兒仍然喜歡溫暖明亮的顏色，同時愈來愈能辨認更豐富的顏色。可挑選以色彩為主題的圖畫書或具備視覺效果的遊戲書，例如找找書，讓幼兒在一邊翻閱一邊尋找的過程中，認識物體的外型。

由於三歲以下的孩子在視覺上的調焦與緩解疲勞能力較弱，和八～十二個月的幼兒共讀時，建議以五分鐘為一個段落，讓他們適時休息。

閱讀指引

八～十二個月幼兒會發出更多語音，還會有一些簡單的疊字，並嘗試模仿你的動作。閱讀時除了運用命名法並搭配簡單手勢，還可以用豐富生動的語言描述圖片，例如寶貝摸著一張汽車的圖片，你可以說「車車，紅色的車車，叭叭叭」。

互動策略

■肢體動作

當你拿書給八～十二個月幼兒看，他們會嘗試拿自己最有興趣的一本或兩本。除了咬書、翻書，他們還會重複將書本打開與關上，並喜歡丟書，以聆聽書本丟到地上時發出的聲音。建議爸媽扮演模仿者的角色，當幼兒開關書時，你開關書。幼兒會發現他們的動作將引發你的反應，並在一來一往的過程中感覺有趣。

■語言回應

當幼兒正在注視或拍打某張圖片，或是一邊摸著圖片一邊對著你發出某些語音時，代表他們對那張圖片有興趣。此時你可以停下來，指著那張圖片並給予命名（比如指著車子的圖片說「車車」）。接著可看向幼兒，重複給予命名（比如重複地說「車車」）。要是他們此時發出某些語音做為回應（比如你說「車車」，他說「ㄚㄚ、ㄨㄨ」），即使你聽不懂該語音也沒關係，就當作幼兒也在命名，稱讚他（比如對他說：「你也說車車，好棒喔」）。

■睡前共讀這樣做

挑選與日常生活情境相關的書籍，比如書中的圖片是幼兒在玩玩具、在睡覺。或是能夠連結簡單歌謠的書籍，比如書中有許多蝴蝶在飛翔的圖片，可以搭配〈蝴蝶蝴蝶真美麗〉歌謠，並在唱完歌謠之後，告訴幼兒「蝴蝶去睡覺囉，我們也來睡覺吧」。

給爸媽的悄悄話　分工合作才是美好的家庭生活

這個階段的幼兒有機會睡二～三小時醒來一次（如下頁圖），換句話說，一個晚上十～十二個小時的主睡眠裡，可能會醒來兩次到四次左右。在這樣的情況下，爸媽可以分工，一個人顧前半、一個人顧後半。例如爸爸負責第一次和第二次醒來（或是上半夜五～六小時內的醒來）；媽媽負責第三次和第四次醒來（或是起床前五～六小時內的醒來），如一一七頁圖。然後每日交換，以此平衡各種狀況。

比如哄完小孩後，爸媽還需要洗澡或放鬆一下，看本書或追個劇，又或是晚上八～九點根本就不是爸媽自己想入睡的生理時鐘點，負責上半夜的爸媽之一的睡眠時間可能就會變少，若能輪流負責前後半夜的順序，就可以平衡這個狀況。另一種做法是，將一一七頁圖中的分工合作線稍稍後移些，改成是爸媽自己睡覺時間的中間值，不過從睡眠醫學的角度而言，比較不建議此種做法，因為可能會縮短爸媽的夜眠總時數。

上述情境比較適合夜間瓶餵或不需夜奶的幼兒，如果是全親餵的媽媽，就不適合這樣夜間分半的分工合作。但就算是全親餵，還是可以分工合作喔！最簡單也最甜蜜的原則就是，媽媽顧小孩，爸爸顧媽媽，很公平吧？

如此一來，每個大人都有可能在另一半負責的時間裡擁有「連續」五～六小時的睡眠機會。之所以使用「睡眠機會」，是在這五～六小時的睡眠機會裡，不見得都可以睡著，可能包含需要一些入睡時間，但臨床上發現不少在此階段的爸媽往往累到秒睡，就不用太擔心入睡需要花費太多時間了。當然，就算是讓另一半照顧，也可能會因為幼兒醒來而受到干擾，不一定可

0-5歲平均醒來時間

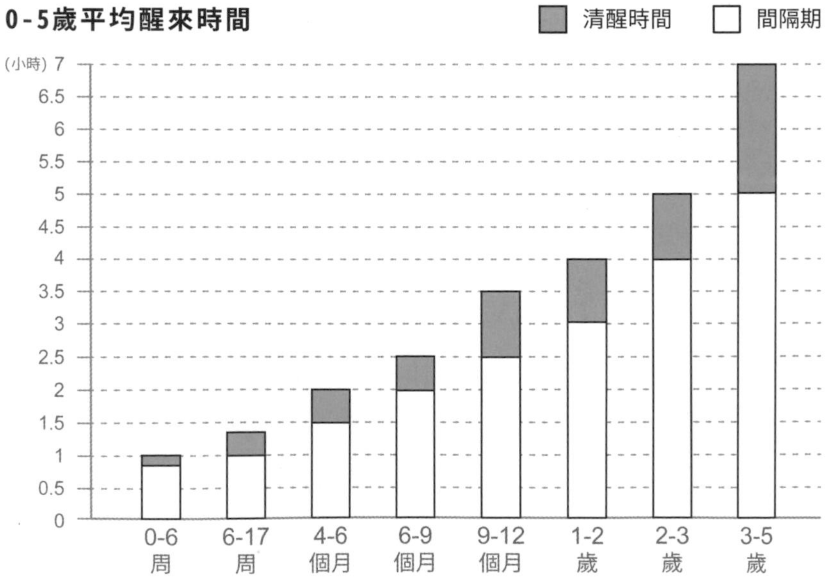

From: Baby Sense, Metz Press 2010

以睡滿「連續」五～六小時。不過和半歲之前嬰兒的睡眠狀況相較，依靠分工合作，爸媽現在可以擁有五～六小時的睡眠機會，已經再好不過了！

為什麼建議將分工合作線放在幼兒夜眠的中間呢？從睡眠醫學的角度來說，成人如果有連續五～六小時的睡眠機會，就可能有足夠的機會補足核心睡眠（深層睡眠）。

一般來說，我們的深層睡眠主要集中在睡眠的前半夜，如下頁圖。若可以睡四～五小時，就能滿足夜間睡眠中八十～九十％的深層睡眠。深層睡眠是讓我們的身體修復，白天維持活力的重要睡眠階段，對爸媽而言相當重要！

半歲到一歲，一晚夜眠平均10-12小時
2-3小時醒來一次，共醒來2-4次。

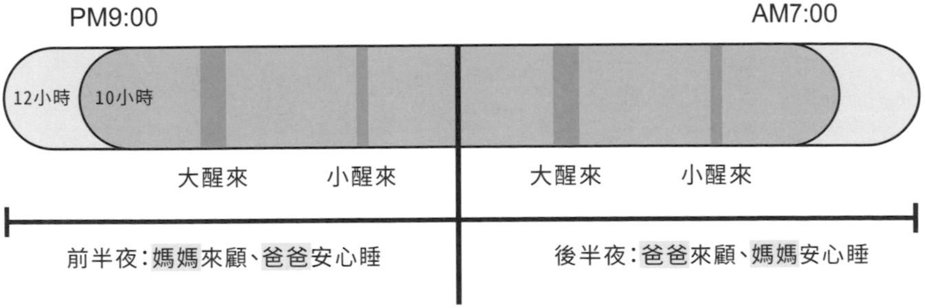

分工合作線
每日交換＋狀況隨機
＝爸媽每日平均有5-6小時夜眠機會

睡眠階段&睡眠循環

- 做夢睡眠(速動眼):20-25%
- 清醒階段(入睡及夜醒):5-8%
- 階段一睡眠(淺睡):2-5%
- 階段二睡眠(淺睡):45-55%
- 階段三睡眠(深睡):13-23%

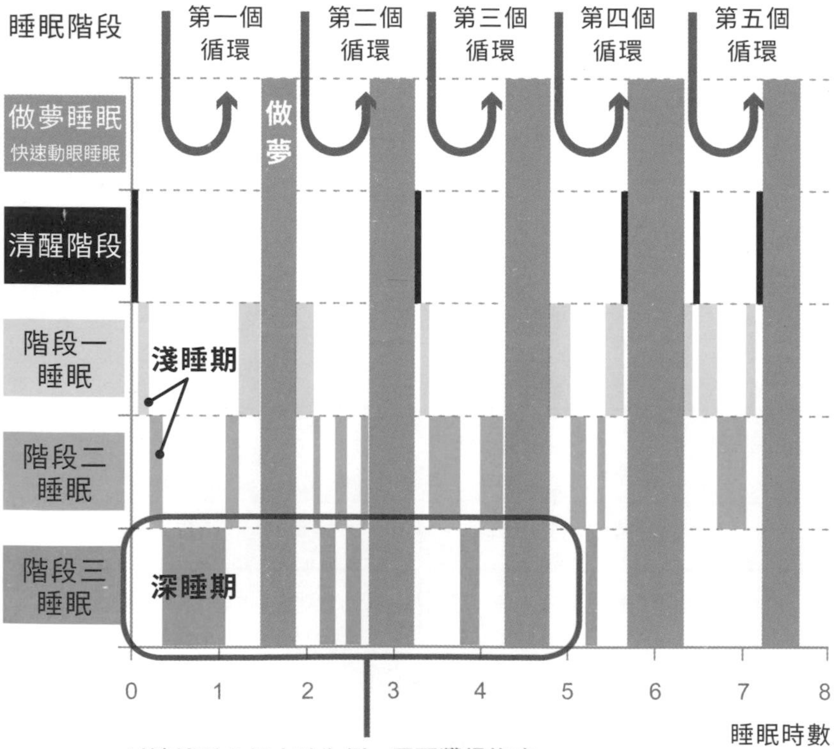

以連續睡 5 個小時為例，已可獲得約略等同於 8 小時睡眠的 90% 深睡。

常有新手爸媽抱怨，為了顧小孩整夜沒睡，甚至連續好幾晚沒睡，而且這類睡眠困擾往往同時出現在爸媽兩人身上。雖然說身為照顧幼兒的團隊應該有福同享、有苦同擔，但在睡眠時間上，我們建議在八～十二個月的幼兒階段，試著用這樣的分工合作，讓大人逐漸找回最基本的睡眠量！

一～二歲：睡眠進化期

變勇敢的小小孩

PK

擺脫熊貓眼的爸媽

睡眠發展

睡眠退化是為了更大的進化

一～二歲的總睡眠長度落在十一～十四個小時，主睡眠已經可以集中在晚上且拉長，約為九～十三個小時，白天一般建議安排一、兩次午睡。午睡時間以下午為主，約一～兩小時。如果家中小小孩因為身體不適而夜眠不佳，或需要外出而特別早起，前一晚的睡眠量不足，爸媽覺得還需要其他時間小睡，可以安排在早上，時間建議約半小時到一小時，約莫為一個睡眠循環即可。

晚上的主睡眠大多數時間是穩定的，不過一～二歲的小小孩有可能因為各種狀況，偶爾出現夜間睡眠不穩的情形，比如開始經歷及體驗分離焦慮、牙齒發育、活動量增加，以及小孩逐漸想掌握自主性等，就是所謂的「睡眠退化」，尤其在十八個月左右時最明顯，原本已經規律午睡或晚上能睡過夜的小小孩，可能突然出現午覺睡不著、晚上常常無預警一直醒來。

爸媽們每每聽到「睡眠退化」一詞都會心頭一揪，想說自家小孩會不會也出現睡眠退

不同年齡層的睡眠總時數與睡眠階段比例

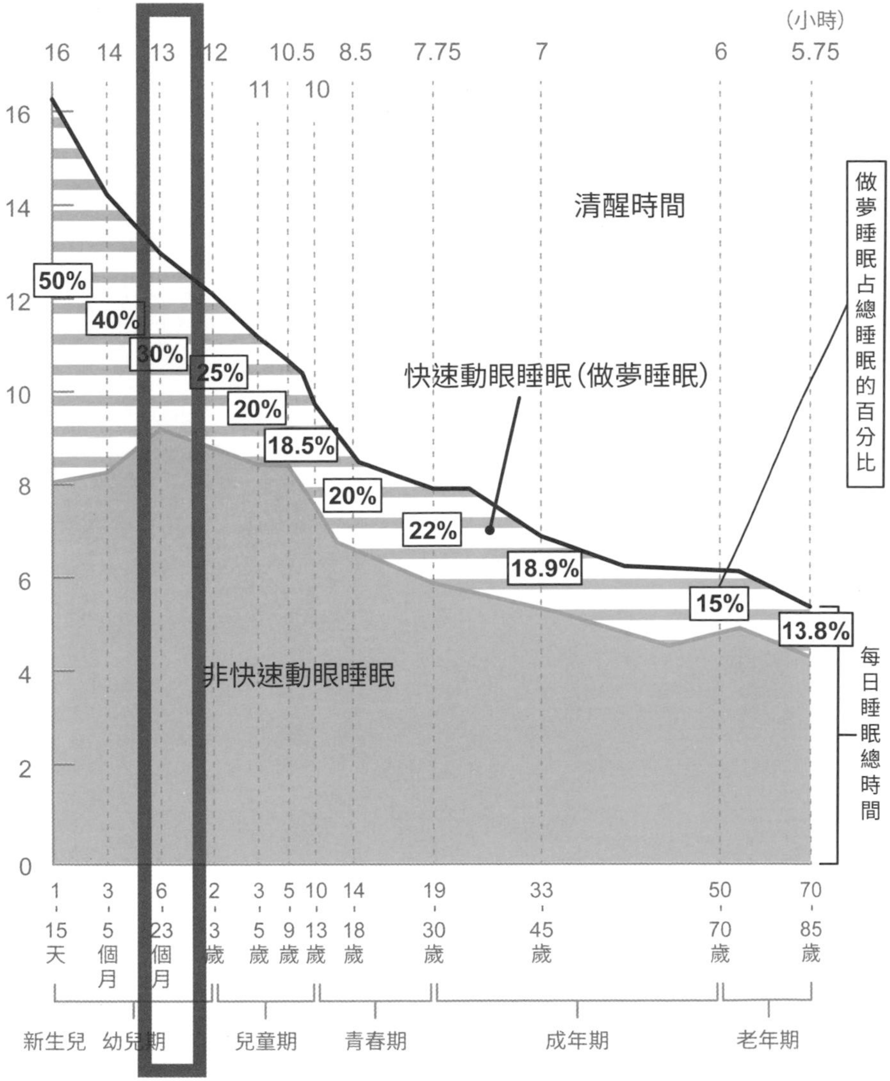

From: Howard P. Roffwarg

化？會持續多久？滿腦子充滿了各種新的擔心。這邊想提醒各位爸媽不用太焦慮，不是所有的小小孩都會在這個時期出現睡眠退化，而且這些睡眠退化通常只是短時間的，不用太過擔心。

此外，導致睡眠退化的原因往往來自於正常的發展，像是活動量增加、正在長大所以有分離焦慮，以及想掌握自主性等，代表了小小孩的身心均在成長。爸媽可以想像成一條向上爬升的線，雖然中間會遇到些許波折，但整體而言仍然持續向上，退化只不過是小小的時間點罷了。

	睡眠總時數	晚上睡眠時數	小睡次數	關鍵建議
新生兒（2周前）	睡眠尚沒有固定的規律			褪黑激素未形成，白天順其睡眠需求
新生兒（3-4周）	約16-19小時		多次以上片段睡眠	褪黑激素未形成，尚無明顯夜裡主要睡眠區分
新生兒（2-3個月）	約15-18小時	仍無明顯夜眠，最長約4-6小時	5-6次片段睡眠	褪黑激素開始形成，代表夜眠開始拉長
嬰兒（4-7個月）	約13-17小時	約在11-14小時左右，常見夜眠型態為多次醒來	2-3段或更多次片段睡眠	因褪黑激素穩定，主要睡眠可集中在太陽下山的夜晚
幼兒（8-12個月）	約12-16小時	約10-14小時	2-3段	白天小睡開始配合生理時鐘而有其規律性
小小孩（1-2歲）	約11-14小時	約9-13小時	1-2段（下午為主早上為輔）	午睡逐漸穩定，可配合白天照光，夜眠關燈來穩定生理時鐘
小孩（2-4歲）	約10-13小時	約9-12小時	1次（下午為主）	午睡要固定。要避免太長或太晚的午睡，以免影響主睡眠
學齡前兒童（4-6歲）	約10-13小時，6歲縮短為9-12小時	約8-12小時	1次（下午為主）或不需要	合適的午睡時間對於記憶鞏固與學習有很大的幫助

睡眠特色 搞定午睡，找到生活新節奏

一～二歲小小孩的睡眠長度與總時數已經來到另一個時期，原則上夜間睡眠已趨於一致。這邊指的「一致」，意指「一致的睡過夜」、「一致的尚未睡過夜」。就算是後者，正如八～十二個月階段所提（見九十七頁），沒有辦法睡過夜也不用急，這是很常見的，爸媽和小孩都在學習與成長，讓我們一起慢慢來。這裡想特別聊一聊午睡，午睡的長度、時間點與午睡的好處。

午睡長度

不少爸媽若遇到小孩睡不好，評估到最後，午睡常常是關鍵之一，除了白天午覺睡太多，再不就是午覺時間太接近晚上。

白天睡太多的主要影響是，白天就用掉了太多睡眠需求，如左圖狀況一，導致晚上的

睡眠需求下降，出現入睡困難。講白話一點，就是白天電池充得滿滿滿，到了晚上還不累。類似經驗相信大家在帶小小孩時肯定或多或少都有。

對一～二歲幼兒而言，有些可能不需要上午的小睡，如果仍需要小睡，建議安排半小時到一小時左右，特別是早起的幼兒。下午的話，仍建議安排一～二小時的小睡，如果可以的話，時間點盡量固定下來。要特別提醒，千萬別因為午睡睡得很好而捨不得叫醒小孩，白天如果睡太長會影響晚上的睡眠品質，晚上因此出現睡不著、淺眠、半夜常常醒來等情況。

小小孩的睡眠驅力與入睡時間

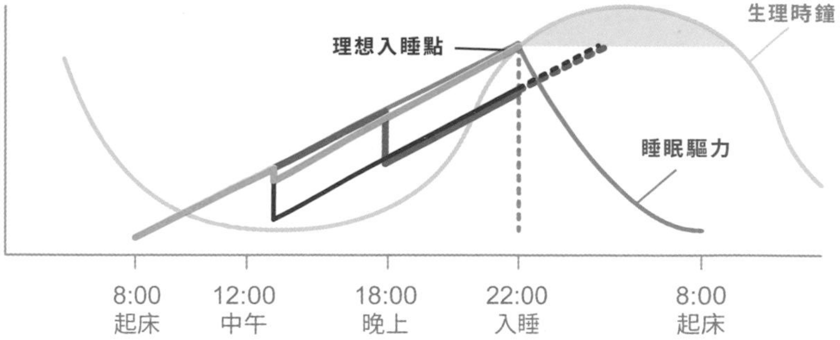

正常狀況：正常的短午睡，可以在消耗體力後，再度累積足夠的睡眠驅力

狀況❶下午午睡太長，用掉太多睡眠驅力，晚上該睡時累積不足

狀況❷太晚午睡（例如下午6點）來不及累積足夠的睡眠驅力

午睡的時間點

相較之下，午睡的時間點更容易被忽略，常因外出不方便午睡、玩太嗨、體能太好、午飯吃太晚，或是早上睡太晚等各種情況而延後了午睡。延後的午睡可能出現兩個影響，首先是更累而增加了午睡的長度，睡得比平常多，同樣出現如前述電池充太滿的情形，再來可能因為太晚午睡，導致晚上睡覺時間到了還不夠累，就是電力消耗得還不夠多，如前頁圖狀況二，到了晚上仍無睡意。

如果真的午睡晚了或過長，也許晚上的上床時間就後移一些，但隔天早上的起床時間仍要固定，才不會影響生理時鐘。

禁止午睡區

建議爸媽設定「禁止午睡區」，以一～二歲階段來說，一般設定在晚上主睡眠前的五～八小時不等。例如：如果晚上十點是上床睡覺時間，建議下午兩～五點之後到晚上十點之間，設為「禁止午睡區」，這段時間內設法不讓小孩午睡。換言之，午睡應盡可能在

「禁止午睡區」之前結束，如果小小孩還是想睡，也要設法讓小小孩起床。

但是，「禁止午睡區」到底該抓五小時還是八小時？由於每個小孩的氣質或家庭習慣都不一樣，建議用試誤法先試一試各種可能性，從錯誤中學習。如果禁止午睡區只有五小時太短，小孩該睡了卻還是相當亢奮，就慢慢拉長；如果八小時太長，小孩還沒到睡覺時間就累了，出現疲累訊號，變成更難睡，就縮短。每一次可用半小時來測試，很快就可以找出專屬於你家小小孩的「禁止午睡區」。

隨時微調的午睡

特別注意的是，此期小小孩的體能正在發展，可能短短幾個月內就發生許多變化。隨著體能的增加，有可能原本需要的上午小睡隨之消失，或是下午的午睡從兩小時減少為一小時，需要透過照顧者的觀察隨時修正。原則上是評估原本的入睡時間是否出現了新關卡，如果有，就調整一下午睡的量與時間點。當然，也可能需要調整的是白天的活動量，需要更多的活動來消耗小小孩的電力！

不午睡可以嗎？

一定有爸媽想問，如果因為各種原因而延後了午睡，讓午睡可能太晚而進入「禁止午睡區」，是不是就不午睡了呢？

臨床上的確見過不少家庭因為各種因素，直接不讓小小孩午睡，但我們通常建議，盡量讓不午睡偶一為之就好，比如出國旅行不方便、睡眠環境吵雜（午睡時間通常是合法施工時間）等，讓這些特殊情況成為特例，還是應該盡量讓小小孩知道午睡是固定要做的事，因為午睡的好處多多！

光從生理時鐘的角度來看，午睡是既需要又重要，尤其是對學齡前小孩的學習能力來說，這部分在四～六歲階段會再詳談。這邊想和爸媽分享的是，午睡對家有一～二歲幼兒的爸媽而言，可謂找回生活品質的關鍵，尤其是固定時間及長度的午睡！

想必經歷過出生到小小孩滿一歲的爸媽們，若形容不論是睡眠或生活都像從一場滿目瘡痍的大戰中存活下來，相信大家都不覺得誇張吧。生活之所以會有這麼大的變動，主因當然是時間都拿來照顧與陪伴寶寶了，如果白天可以有一些自己的時間，就算是拿來整理家裡（戰場）、吃點東西（補充彈藥）、放空耍廢，或是跟著睡一下（充電），都能讓主要照顧者喘口氣，再戰下一回。因此可知，如果小小孩的午睡時間更加固定，代表照顧者白天能休息的時間可以固定下來，生活與心情都能有個穩定的休息節奏，非常非常重要！

睡眠VS心理發展

相見時安心，別離時安全

從寶貝八～十二個月大開始，爸媽就知道他們會經歷陌生人焦慮階段，開始運用策略協助寶貝感到安全、睡得安穩。等到進入一～二歲後，爸媽將面臨一個新挑戰——分離焦慮，它可能會帶給小小孩身體不舒服與情緒亂糟糟的感受，並且干擾睡眠。分離焦慮和陌生人焦慮一樣，都屬於自然發展的階段之一，爸媽不用太緊張。

接下來，就讓我們一起認識一～二歲小小孩在心理發展上的分離焦慮，並學習如何協助他們找回控制感吧。

心理－分離安全期

「分離焦慮」與「物體恆存」概念是否穩定發展有關。「物體恆存」意指當物體無法被感官所察覺時，這些物體仍然存在。換言之就是，對於不在眼前的物體，我們知道它存放在某處，並不是不見，好比同住的家人只是去上班或上學，並非不見。要是「物體恆存」概念尚不穩定，會以為「看不見就等於不存在」，一旦爸爸或媽媽離開視線範圍，小小孩會緊張不安，因而產生分離焦慮。這種情況往往在一歲至一歲半時達到高峰，大約三歲時逐漸趨緩。

什麼是分離焦慮？

即使小小孩已經與爸媽建立了良好的連結，他們仍會經歷「分離焦慮」這段自然歷程。分離焦慮會干擾小小孩的睡眠，讓他們更難以入睡或更早醒。當小小孩有分離焦慮時，很難獨自一人玩耍，甚至對原本喜愛的玩具興趣缺缺，即便在自己家裡也會拒絕單獨進入一個空間；相較之下，他們更想待在爸媽身邊。此外，有些小小孩會因分離焦慮而出現一些身體不適的反應，像是頭痛、噁心、嘔吐等；有些小小孩則會表現出明顯的情緒反應，像是哭泣、尖叫。不過，分離焦慮並非全然沒有好處，當小小孩學習到爸媽雖然會離開自己的視線，但將再度回來時，能幫助他們提升對於他人與環境的控制感。

■分離焦慮會影響睡眠嗎？

著名兒童精神分析學家安娜・佛洛依德（Anna Freud）提出，睡覺不僅是脫離白天的事務，也是生理上與父母分離，當小小孩醒來時，發現父母不在身邊，有些小孩可能會產生焦慮感、無助感及挫折感。此時小小孩可能容易哭泣，以尋求父母的陪伴，或是增加一些自我安撫的動作，像是吸吮手指。

溫尼考特則認為，小小孩可以藉由過渡客體緩解準備去睡覺的過程中感受到的焦慮。他舉例：「有個小女嬰習慣一面吸拇指，一面撫弄媽媽的長髮。等她的頭髮夠長時，她一想睡覺就扯自己而非母親的頭髮來蓋住臉，並聞著它入睡。」在這個例子中，小女嬰將媽媽與頭髮建立起連結，再藉由頭髮這項過渡客體來獲得安全感，幫助自己入睡。當然，過渡客體的選擇很多，並非只有頭髮，可回頭參考六十頁。

■如何處理分離焦慮？

該如何協助小小孩順利度過分離焦慮呢？

首先，讓小小孩形成安全的堡壘，協助他們既獨立又具安全感地探索環境。比如讓小小孩在離你一段距離的地方玩玩具，適時地用語言給予回應，但不需要急切地緊貼在他身旁。讓小小孩知道你一直都在，他一抬頭或一轉身就看得到你，或由熟悉但不同的家人輪流陪伴，皆能增加他們的彈性。

若是小小孩在與爸媽分離時出現哭鬧的情緒反應，最重要的是給予溫和且堅定的回應。此階段的小孩已有較多疊字與單詞，可觀察他們的表情、語彙與動作，多多猜測他們的感覺，並用幾個簡單的字詞幫他們說出來，再適時給予動作安撫。也可以試著帶領小小孩用簡單的字詞說出自己的感受，就算只是模仿你的話語也沒關係，像是開心、生氣這類簡單的感受詞彙皆可使用。

此外還有以下六項建議：

◎找到時機點離開或回來

1. 在適當的時機點離開

在小小孩已經吃飽、尿布換好、精神與心情平穩的狀態下，告訴小小孩你將離開一下子、你打算做什麼事情，也許他們可以玩玩具等你。

2. 在適當的時機點回來

剛開始和小小孩練習分離時，不要離開太久。讓小小孩能夠預期你的離開與回來，將提升他們的控制感，降低他們的焦慮。

◎預告何時陪伴及分離

3. 每天固定陪玩

或許小小孩白天在褓母家或托嬰中心時也有遊戲時間，但爸媽的陪伴肯定截然不同。陪伴小小孩玩時，爸媽會有更多語言回應、更多肢體安撫。小小孩可以在與你們的互動之中感受到情感的連結，並因此更加明白——爸媽有時候需要離開處理事情，但仍然非常愛他們。

4. 安排規律活動

小小孩每日的活動，包括進食、洗澡、睡覺、遊戲等事務都按步就班進行，能讓他們更加明白爸媽何時會陪伴自己、何時會離開（例如告訴小小孩你要去泡牛奶了，或者你要去拿玩具）。

◎分離時的提醒與地雷

5. 分離時刻記得說再見

如果需要在小小孩清醒的狀態下離開，記得對他們說再見。小小孩或許會哭泣，叫人相當不捨，但你要相信，度過這段時期之後，他們會愈來愈能夠處理與爸媽分離時的心情。相較之下，若爸媽總是偷偷離開，對小小孩而言是突然消失不見，可能更令他們焦慮呢！

6. 避免難分難捨的情節

對小小孩說再見之後，避免又繞回來與他們互動，比如又回來抱抱或陪伴一會兒。這會讓小小孩混淆，無法掌握「再見」是否是真的離開，還是又會繞回來，很可能讓他們在你每次說再見之後，都期待你能再回來陪伴，當你做不到時，反而不利於他們適應與你的分離。

戒吸手指從安全感開始

溫尼考特在著作《給媽媽的貼心書》提到，「小嬰兒多半會把拳頭塞進嘴巴裡，不久他們就發展出一個模式，可能選定一、兩根手指頭或大姆指來吸吮，另一隻手則同時撫摸母親，或是摸一小塊布、毯子、羊毛、自己的頭髮。此時有兩件事在進行：第一件：嘴裡的手顯然和興奮的餵奶有關；第二件比興奮還更進一步，是感情取代了興奮。從這個充滿感情的愛撫活動裡，小嬰兒會和碰巧放在附近的某樣東西發展出關係。這一樣物品對小嬰兒來說，可能變得非常重要。」

溫尼考特一席話告訴我們，當小小孩一邊吸吮手指，一邊從撫摸的過程中獲得情感與安全感，這兩件事就產生了連結，就是心理學上的「制約」，意即小小孩吸吮手指，最主要的目的是為了心理需求。當然，吸吮的動作和小小孩從小的本能有關，像是吸吮母親的乳房一般。

但是，家中小小孩有此吸吮手指習慣的爸媽很可能擔心會不會戒不掉呢？甚至聽過有些小孩吸到手指受傷的情況，以下是我們的一些方法與提醒。

為何與何時該戒

小小孩在一～二歲之前透過本能地吸吮手指以獲得安撫，其實是一種最簡單直接的方式，不論是小小孩或爸媽，都該把手指（以及其他能夠吸吮的物品，如奶嘴、奶瓶）當作此階段的好朋友。然而，這個「好朋友」應該陪到什麼時候？我們建議差不多在一～二歲可以開始試著戒除，以完成其階段性任務，進入下一階段。另外，這類吸吮可能會導致小小孩的不適，像是過度吸吮而受傷，或手指不乾淨而容易生病。

保留安全感

建議透過能夠滿足小小孩心理需求的物品，像是小被子、柔軟玩具、布製品，逐漸消退吸手指的習慣。一旦發現小小孩經常撫摸同一個物品，帶著這個物品四處走動，且表現出珍惜的態度時，就代表小小孩已經開始產生安全感，正學習與爸媽適度分離，並與外在世界建立關係了。此時，小小孩將逐漸降低對吸吮手指的需求，自然而然地戒除吸吮手指的行為。

必須特別留意的是，要避免因為成功地戒除吸吮手指而冒然移除過渡客體，比如原本允許小小孩一邊吸吮手指，一邊撫摸被子，但小小孩不再吸吮手指時，同時將被子收了起來，這就是冒然移除過渡客體。這類做法將使小小孩感到焦慮，反而不利於適應。

現在，請試著不要去想「一隻純白的白熊」這個畫面。試著閉上眼睛不去想，非常努力地不去想（也許你真的可以閉上眼睛）……發現了嗎？是不是很難壓抑自己不去想呢？白熊是不是反而一直出現呢？

沒錯，這就是心理學說的「白熊效能」，代表當我們努力壓抑某個想法時，通常很容易失敗。同樣的，如果只是一味請小小孩不要吸吮手指，並不是個好方向。因此，不要向小小孩說「不可以」做什麼，而是「可以」去做什麼。這個原則在很多教導及學習上都是我們相當建議嘗試的好原則！

取代的原則

剛開始戒手指時，首先要找到可以用來取代的事，而且這件事同樣能帶來安全感。比如說，如果小孩是透過吸吮手指來安撫自己入睡，可以用陪伴入睡的布娃娃來取代；如果小孩是透過吸吮手指來安撫日間的焦慮，可以用牽爸媽的手指來取代。

■溫柔且堅定

取代的過程中，小小孩一定會出現很多不安全感，可能會很想找回原先吸吮手指的安撫方法，提醒爸媽要堅定，不要心軟！可以試著溫柔說出小小孩的心情與當下的狀況，比如「我知道你很想吸手手，你可以抱抱小獅子（或是布娃娃的名字）喔，小獅子也很想抱抱你，小獅子可以給你睡覺魔法喲，媽媽（或其他照顧者）在旁邊陪你和小獅子」。這階段的小小孩正在學習了解自己的感受，透過你幫忙說出他們的心情，可以製造出讓小小孩更清楚「自己怎麼了」的氛圍，有助於他們穩定下來。

常見睡眠狀況與問題 夜黑黑，睡驚驚

什麼是夜驚？

《精神疾病診斷與統計第五版》（*DSM-V*）定義，當一個人從睡眠中突然驚醒，通常伴隨著尖叫、驚恐，並且有瞳孔散大、心跳加速、吸呼急促、出汗等症狀，有時甚至可能是張著眼睛出現這些特徵。發作期間對別人的安撫沒有反應，且反覆出現，此即為睡驚（Sleep Terrors），又稱夜驚（Night Terrors）。夜驚主要出現在深層睡眠期，就是睡眠期的前三分之一至前二分之一（大約入睡後一到四小時），持續大約一到十分鐘，有時甚至長達二十到三十分鐘。常見狀況是孩子尚未完全清醒，對周遭的人事沒有反應，可繼續返回睡眠，並在隔天早上清醒後對發作內容毫無記憶。夜驚的盛行率在十八個月大的小小孩為三十六・九％，三十個月大為十九・七％，成人大概是二・二％左右。

夜驚的可能原因

小小孩夜驚的常見原因主要如：日常作息有明顯變動而導致睡眠不足；白天累積了過度的疲勞與亢奮，致使身體疲累需要更多深層睡眠；生活中出現干擾情緒的壓力源。身體因發燒或不適而睡不好，出現睡眠剝奪也會增加夜驚的頻率。此外，夜驚也有遺傳的可能性，可以從爸媽是否曾經夜驚來協助辨別小小孩的夜驚情況。

由於夜驚的導致原因有很多可能性，如果出現的頻率高、症狀明顯，再加上小小孩白天同樣顯得緊張與害怕，建議前往兒童心智科、睡眠專科就診。

事實上，受到小小孩夜驚狀況影響最大的常是爸媽。臨床上經常看到憂心忡忡的媽媽或爸爸帶著小小孩前來就醫。另一方面，當爸媽試圖安撫夜驚的小小孩時，或許自己也相當挫折，因為小孩當下不僅沒有被安撫，隔天起床還什麼都不記得，讓爸媽嚇一大跳。不僅如此，當爸媽向小小孩述說他們在夜驚當下的行為與反應時，小小孩可能會對完全沒有印象的行為感到困惑與害怕。

夜驚的處理策略一：「二不二要」

夜驚的處理策略不同於一般處理恐懼的方式，雖然小小孩在夜驚當下呈現尖叫或驚恐的反應，建議爸媽參考下述「二不二要」策略：

■不焦慮

小小孩在夜驚當下同時處於深睡期，對於安撫經常沒有反應，表面看來雖然是持續尖叫或驚恐，卻是夜驚的正常表現，請爸媽放寬心，不焦慮！

■要安全

為了安全考量，建議爸媽待在小小孩身邊觀察他們，確保他們處於安全的環境中，身旁沒有危險或堅硬物品，不會靠牆壁太近，直到他們逐漸穩定下來。

■不叫醒

不需要叫醒小小孩。由於他們正處於深睡期，無法記得發生過的行為，因此隔天早上不需要詢問他們是否記得發生了什麼事。否則當小小孩不記得時，不僅爸媽緊張，他們可能很意外自己什麼都不記得，而跟著緊張了起來。

■要睡飽

最重要的是協助小小孩建立規律固定的作息，保持睡眠時間的充足，減少過度疲倦，同時避免過度興奮。協助小小孩的作息與睡眠穩定，才是降低夜驚的最重要方向。

夜驚的處理策略二：「定時喚醒」

倘若爸媽已經嘗試二不二要策略，小小孩仍有夜驚情形，且干擾強度很大，可能需要考慮採用「定時喚醒」策略，以減緩夜驚在夜晚出現的頻率及其症狀的干擾。做法如下：

■記錄

需先連續記錄兩個星期以上的小小孩「睡眠作息表」與「夜驚症狀發生時間表」。

■釐清

對照「睡眠作息表」與「夜驚症狀發生時間表」，找出夜驚症狀較易發生的時間點，例如入睡後多久？若需要再進一步辨別，可以將相關紀錄拿給睡眠專業人員，尋求協助。

■喚醒

在經常發作時間點前十五～二十分鐘輕拍小孩，或是發出細微聲響稍微吵醒小孩，只要觀察到小小孩有移動、翻身即可，這些行為代表了他們已被輕微喚醒。喚醒的目的是為了讓小小孩略微減少夜間的深層睡眠，以此減少夜驚症狀出現的機會。

需要提醒的是，「定時喚醒」策略會減少深層睡眠的比重，而此階段小小孩仍然需要一定比重的深層睡眠來刺激生長荷爾蒙，「定時喚醒」是針對夜驚干擾強度很大且出現頻率太高時的暫時性處理。如果影響仍然明顯，建議尋求專業醫療的協助，像是兒童心智科、睡眠專科，通常會建議安排一些睡眠檢查。

好眠祕笈　睡前儀式2.0版，小孩創意加上爸媽的愛

相信你們家的小小孩應該在一歲前已經養成了專屬的睡前儀式，如果還沒有，可以翻回一〇三頁複習一下。之所以要在一～二歲階段再次提到睡前儀式，主因有二：一、睡前儀式是可以變動的；二、一～二歲的睡前儀式可加上共同閱讀。

變動睡前儀式以符合小孩氣質

睡前儀式是可以變動的，當小小孩長得更大一點，可能需要更多學習及刺激。八～十二個月大時，爸媽可能是主要引導者，一歲之後可以讓小小孩慢慢成為「主動且主要」的角色。舉例來說，八～十二個月大時，爸媽會唱安眠曲給小小孩聽，到了一～二歲可以變成一起看書說故事；八～十二個月大時，爸媽口頭說故事並自行決定要說什麼，到了一～二歲可以變成由小小孩主動挑選故事書。

怎麼組成自家小小孩的睡前儀式呢？除了持續注意我們在八～十二個月階段提醒的「安撫入睡4R原則」（見一〇四頁），找到安撫資源、減少刺激感受、挑選安靜活動，以及盡量固定一致之外，我們還想額外提醒「三個向量原則」：從外到內、從亮到暗、從動到靜。

三個向量原則

■從外到內

睡前儀式建議以小小孩睡覺的床鋪為目的地，從客廳喝睡前奶、挑故事書及收拾環境等，轉移到浴室刷牙、洗澡或按摩，再向床鋪移動，開始穿尿布、換睡衣及看故事書等。路線若固定下來，有助於小小孩養成時間一到就慢慢移向睡眠環境的習慣。

■從亮到暗

從〇～三個月階段開始，我們就不斷強調光線對睡眠的影響。太亮的光線與太陽等於白天，大腦會抑制「睡眠荷爾蒙」褪黑激素，一到晚上就要建立天黑的環境，培養睡意，讓褪黑激素能夠穩定出現。建議配合每一個睡前儀式，慢慢讓燈光愈來愈暗，像是從客廳移向浴室時，象徵性地關掉客廳的燈（爸媽如果晚點想待在客廳，再重新開燈即可）。

■從動到靜

建議讓動作從動到靜、從快到慢，讓小小孩的大腦思考與肢體動作都可以慢慢關機，這樣的順序非常重要，不要把一些太嗨的動作放到睡前這一刻，很容易讓小小孩處在太開心及亢奮的模式，爸媽陪睡時就辛苦了。

綜合考量「安撫入睡4R原則」與「三個向量原則」，同時參考美國兒科學會的建議，這裡為大家整理出的簡單六個動作，分別是：洗澡→刷牙→穿睡衣→挑故事書／講故事／看書→按摩／抱抱→關燈／上床。

如果爸媽不是很確定這樣的順序是否合適，當然可以試看看不同的組合，只要符合上述的原則及提醒，鼓勵大家多加嘗試。要是想不出組合，可以讓小小孩自己決定睡前儀式，常常會出現意想不到的效果喔！

在睡前儀式中加入共讀

如同前面提到的，睡前儀式可以變動，我們特別建議在一～二歲時把「挑故事書／講故事／看書」的共讀時間放進睡前儀式中。

光是讓小小孩挑書就非常有趣，他們開始自己作主，試著挑選喜歡的故事，甚至可以看到小小孩在書堆前搖擺要挑哪一本書的有趣模樣。爸媽可能會發現，有時候小小孩喜歡唸固定某幾本書，但每次唸都有新學習與發現，又或者他們想要每天唸不同的書，因為他們一直對新的事物感到好奇。

就算是同一本書，小小孩會用不同方式來唸，坐著唸、趴著唸、躺著唸，或是抓著睡前陪伴玩偶一起唸。如果爸媽有時間陪小小孩多多嘗試各種可能，感受非常甜蜜，但很花時間就是了，請當成甜蜜的負擔吧！你可以想像，如果再長大一點，他們就不需要爸媽陪在一旁講故事了呢！

親子共讀筆記

善用小小孩的理解能力進行睡眠暗示

一～二歲活潑外向的小小孩喜歡四處走動、奔跑、攀爬與跳躍，對於有興趣的物品，他們會重複用手指出來，分享讓你知道。他們會不斷命名，讓你看見他們已經會說很多話。當然，也有些安靜內向的小小孩，儘管他們偏好安靜地探索書本或玩具，但他們同樣喜歡大人的逗弄與陪伴。

在此階段的親子共讀中，可以觀察到小小孩已經出現各自偏好的閱讀與互動方式，不要強迫小小孩一定要按照你安排的方式，尊重他們，運用各式各樣的活動（如講話、唱歌、假扮遊戲）來提升他們的興趣。在互動之中，小小孩會發現自己對你而言非常重要，你們的親子關係將更加親密。

閱讀指引

一～二歲的小小孩會選擇他們最喜愛的書本，希望你可以讀給他們聽。不用意外他們總是選同一本書，能夠預期下一頁會出現什麼圖片對他們來說是相當有趣的過程。小小孩除了仍然喜歡翻書、丟書，也喜歡指出熟悉的圖片給你看。隨著語言表達量逐漸增多，他們甚至會開始模仿各種詞彙或聲音，比如看到狗的圖片就說「狗狗」，並發出「汪汪」的聲音。爸媽會驚喜地發現，要是你們從書本中延伸出歌曲，小小孩已經可以接續唱出部分歌詞。比如看到大象的圖片，你唱「大象～大象～你的鼻子怎麼那麼長～～」，此時小小孩可能就會接續唱出「媽媽」一詞。

互動策略

■肢體動作

當小小孩正專注看著圖片時，爸媽可以配合他們的步調，適時協助翻頁，或以簡單的短句如「蝴蝶在哪裡？」詢問，他們會透過手指指圖的方式回應，與你互動。除了書本內的互動，爸媽也可以從書本延伸出一些活動，將有助於小小孩類化學習經驗。比如問：「熊熊的鼻子在哪裡？寶貝的鼻子在哪裡？」引導小小孩指出熊熊的鼻子，再指出自己的鼻子。

■語言回應

當小小孩指著圖片並嘗試命名時，他們正在告訴你「你看，我喜歡這張圖片」、「你看，我知道這是什麼圖片」、「你有沒有看到我好棒呢」，此時建議運用比小小孩的單詞量略長的短句給予回應，促進他們的語言學習。例如小小孩指著牛的圖片說「哞哞」，你可以說「牛牛哞哞叫」。或是運用豐富的語調增進閱讀的趣味，比如小小孩指著牛的圖片說「哞哞」，你可以放大音量說「大聲的哞哞」或用氣音說「小聲的哞哞」。

■睡前共讀這樣做

可以挑選認知書、有聲書或能夠操作的繪本書，並在睡覺前，透過詢問固定的問題（認知書），聽同一首歌謠（有聲書），固定順序的操作模式（可操作繪本書），幫助小小孩熟悉準備入睡前的共讀儀式。

如何在睡前共讀中加入睡眠暗示？

睡前的共讀與白天的共讀不太一樣，最主要的差異在於加入了睡前暗示。以下我們將分成四點介紹如何在睡前共讀中加入睡眠暗示。

■選擇合適的繪本

與一～二歲的小小孩進行睡前共讀時，建議選擇色彩溫暖明亮，同時可以搭配簡單動作或歌謠的圖畫書，也可以選一些情節重複的故事，因為重複韻律的方式可以降低小小孩的理解負荷，有助眠的效果。

■運用特殊的語調

爸媽的語調可以隨著故事情節而不同，尤其是許多睡前故事書都添加了很多睡眠的提示與暗示，建議爸媽更注意語氣、輕聲細語或放慢語速，甚至偶爾可以搭配打哈欠或伸懶腰之類的動作。

出現晚安的暗示

與一～二歲的小小孩進行睡前共讀時，可在共讀結束前安排固定的動作做為結束，例如拍拍圖畫書的最後一張圖，當作「拜拜」；或是對圖畫書說「安」（安安、晚安），並且逐一與心愛的玩偶說晚安，以此暗示小小孩「講完這個故事就要準備睡覺囉」。

專注放鬆的指令

挑選繪本時，可以尋找以「準備入睡」、「接近入睡狀態」或「讓小小孩不知不覺睡著」為故事主軸的圖畫書。這類繪本經常會安插一些放鬆指令，如《好想睡覺的小象》中就有許多實用的例句，像是「如果我對自己說，放鬆，這樣靠在枕頭上就可以幫我入睡。被塞得緊緊的床罩包圍著，覺得好舒服呦。這種時候我覺得最累，就像現在（呵欠）」。當我們重複故事情節，安插固定的放鬆語句，等於暗示小小孩「想睡就去睡吧」。

給爸媽的悄悄話

先讓爸媽有機會睡過夜吧！

現代家庭關係裡的爸媽雙方和上個世代相較，照顧小孩的任務分配已更加平等，代表陪伴小孩入睡不再只是媽媽的任務，很多爸爸已一起加入，成為好隊友。此章建議的睡前儀式能協助爸爸更好上手，我們非常鼓勵與建議讓爸爸參與，更快成為分擔者，因為爸媽就是個以愛小孩為前提的最佳團隊！

當然，不見得是爸爸，此章建議的原則若搭配得宜，同樣適用於其他照顧者，比如阿公、阿嬤、其他親人。

為什麼想在一～二歲階段特別談論如何讓另一半或其他家人也成為入睡的陪伴者呢？一～二歲的小孩已經有機會可以睡過夜，意謂著若另一半或其他家人可以成功陪睡，主要照顧者就能得到相對完整的休息時間。主要照顧者有機會從小孩八～十二個月階段提及的前後半夜分工睡法（見一一五頁），變成睡足正常的睡眠量。

接下來趕快來看看，想讓另一半或其他家人成功擔任「陪睡員」要掌握哪些原則吧！

訓練其他陪睡員的原則

■容易複製

盡可能讓睡前儀式一致且「容易複製」，好讓另一位照顧者能夠如法炮製。對小孩而言，依賴固定的儀式比依賴固定的照顧者更好，且以心理學的制約概念來說，這是有機會操作的。而前提之一，就是要盡可能讓這些行為與儀式「容易複製」，讓另一半或其他家人同樣好操作。

■主要照顧者的再保證

其他照顧者成功成為陪睡員時，小孩在初期可能會因此而焦慮，有時會吵著要換人。建議盡量有一致原則，今天換誰就是誰，休息的那位照顧者可以向小孩說聲晚安，再給小孩一個擁抱，並保證你對小孩不變的愛，而這個動作也可以成為新的睡前儀式之一。

■加上一點獨特性

想讓另一半或其他家人成功擔任「陪睡員」，最理想的方式可能是讓小孩更喜歡這位

「新陪睡員」。當然，新任陪睡員除了要有動機與意願，最大的風險恐怕是若得到小孩的寵愛，以後可能天天都要負責陪睡！除了意願，「獨特性」可能是最快上手的，就是在不破壞睡前儀式的規則之下，讓新任陪睡員在睡前儀式裡加入一點點獨特性。

新任陪睡員要怎麼製造獨特性呢？若是原本的睡前儀式中有「挑故事書／講故事／看書」，新陪睡員可以把故事說得更精采。當然，這考驗了新任陪睡員的說故事技巧，如果說故事技巧短時間訓練不起來（請放心，你們永遠是小孩心中的說故事高手），這裡提供一個偷吃步的方式：購買新書，並讓新任陪睡員成為第一個唸新書的人，與小孩一起開箱，他們很吃這一套！

愈早開始愈好

由於小孩的氣質、依附性與睡前習慣往往很早就已養成，如果想培養許多位陪睡員，愈早開始愈好！小孩四～七個月大時，就可以一起找找小孩的睡眠暗號（見七十一頁），了解自家小孩想睡覺時的特點；小孩八～十二個月大時，共同安排小孩的入睡儀式，得知小孩的睡前喜好，這樣在加入「最佳陪睡員」行列時，將能更快取得小孩的認同。

■不用怕誰搶走了你的工作

許多媽媽在另一半或其他家人成功陪睡後，雖然一開始因為有人分擔陪睡任務而感到輕鬆不少，卻出現了一點點空虛，尤其是小孩吵著要除了媽媽之外的陪睡員時，往往心情矛盾，擔心小孩是不是不需要媽媽了。

我們想提醒媽媽，小孩永遠需要妳，不需要擔心陪睡的工作被誰取代，妳還有許多角色是誰也無法取代的。此時此刻，我們覺得更重要的是找到其他事情填補妳的空虛，比如找回當媽媽之前的興趣，把睡前多出來的時間拿來看書、聽音樂、追個劇。若真的有另一半或其他家人能在睡前取代妳的任務，請務必好好享受得來不易的時光！

二～四歲：睡眠穩定期

開始捨不得去睡的小孩

PK

開始照顧自己的爸媽

睡眠發展　找到一日的睡眠節奏！

二歲後到學齡前小孩的每日總睡眠約十～十三個小時，夜晚主要睡眠約九～十二個小時，大多已不需要上午的小睡，但還是需要下午一～一個半小時的午睡，並建議最好在下午三、四點以前完成。

正如在一～二歲階段已提醒各位爸媽的，如果可以，小睡的時間點應該盡量固定，不要因為午睡睡很好就捨不得叫醒小孩，畢竟白天睡太長會影響夜晚的睡眠品質，晚上會因白天睡太多而出現睡不著、淺眠、半夜常常醒來等情況。等到進入二歲後，午睡的長度與時間多數已經固定下來了，尤其是幾次試誤法後，爸媽應該不敢讓小孩睡太久或太晚午睡而自找麻煩了吧，晚上因此睡不著的小孩實在太嚇人了！

為什麼我們從一歲後就一直談午睡呢？一～二歲時談午睡的合適量與時間點，二～四歲談如何善用午睡，因為如果能在這些階段養成好的午睡習慣，就能成為進學校的基礎。從研究的角度來看，午睡對於學習來說是有加分效果的，這部分我們也會在四～六歲階段

不同年齡層的睡眠總時數與睡眠階段比例

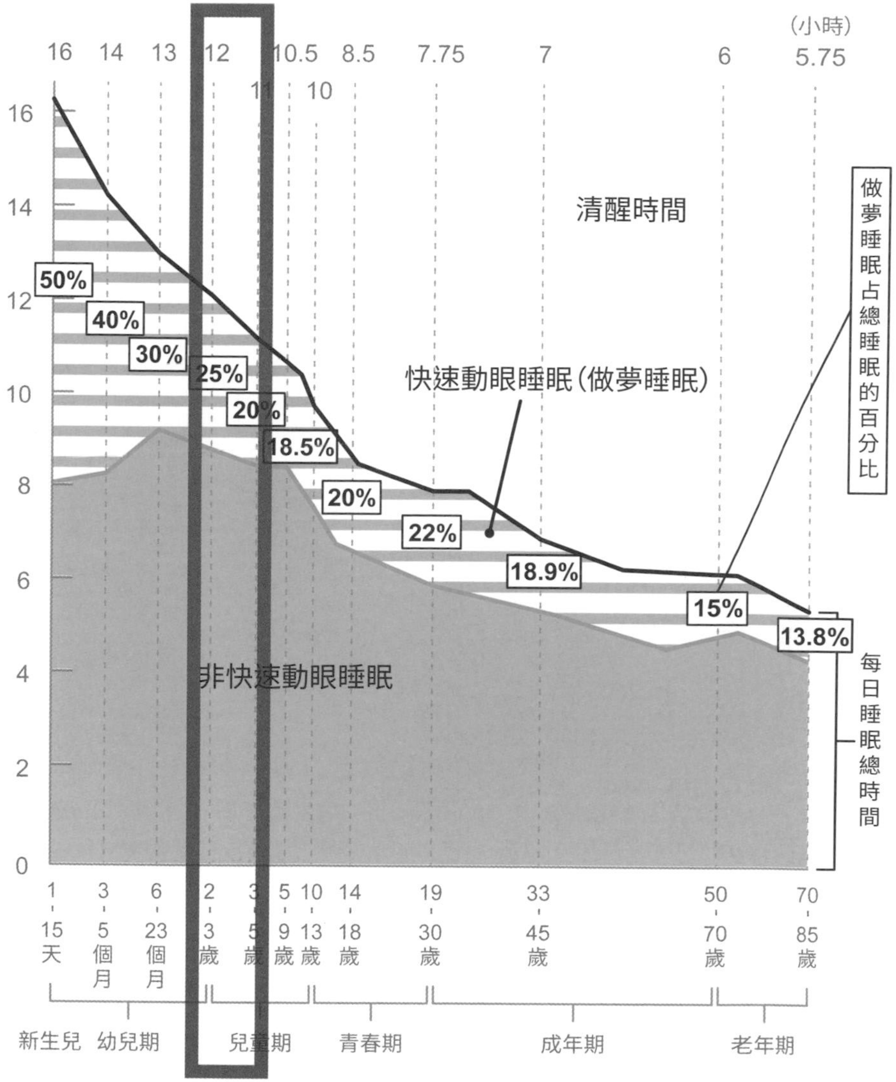

From: Howard P. Roffwarg

時詳談。

針對二～四歲這個階段，我們更想分享的是如何在午睡已固定的基礎下，善用午睡成為更好的銜接、更能配合生活節奏。

把午睡當成睡眠不足的充電時間

二～四歲的小孩或多或少已經開始配合爸媽的生活習慣了，這點很重要！

二歲以前，爸媽親力親為照顧小小孩，可能大幅改變了原本的生活習慣，原先的興趣從看電影變成看卡通、從泡咖啡廳改逛親子餐廳，最近一本看過的書絕對是童書……但到了二～四歲，我們想從臨床心理師的立場鼓勵大家，開始找回自己原有的生活習慣與興趣吧！這樣能讓自己的心理更健康。

如此一來，很可能會因此偶爾晚歸，特別若是外出旅行時。由於晚歸而延後了睡眠時間，小孩的起床時間很可能跟著推遲。我們的建議是，起床時間盡量不要落差太大，一般而言建議在一～二小時內，如果小孩還是持續想睡，請將小孩叫醒。有些生理時鐘較固定的小孩即使晚睡仍會在差不多的時間醒來，這時午覺可以睡久一點，但就算增加，總午睡

	睡眠總時數	晚上睡眠時數	小睡次數	關鍵建議
新生兒（2周前）	睡眠尚沒有固定的規律			褪黑激素未形成，白天順其睡眠需求
新生兒（3-4周）	約16-19小時		多次以上片段睡眠	褪黑激素未形成，尚無明顯夜裡主要睡眠區分
新生兒（2-3個月）	約15-18小時	仍無明顯夜眠，最長約4-6小時	5-6次片段睡眠	褪黑激素開始形成，代表夜眠開始拉長
嬰兒（4-7個月）	約13-17小時	約在11-14小時左右，常見夜眠型態為多次醒來	2-3段或更多次片段睡眠	因褪黑激素穩定，主要睡眠可集中在太陽下山的夜晚
幼兒（8-12個月）	約12-16小時	約10-14小時	2-3段	白天小睡開始配合生理時鐘而有其規律性
小小孩（1-2歲）	約11-14小時	約9-13小時	1-2段（下午為主早上為輔）	午睡逐漸穩定，可配合白天照光，夜眠關燈來穩定生理時鐘
小孩（2-4歲）	約10-13小時	約9-12小時	1次（下午為主）	午睡要固定。要避免太長或太晚的午睡，以免影響主睡眠
學齡前兒童（4-6歲）	約10-13小時，6歲縮短為9-12小時	約8-12小時	1次（下午為主）或不需要	合適的午睡時間對於記憶鞏固與學習有很大的幫助

盡量不要超過兩個小時，並同樣建議在下午三～四點前完成。若是早上太晚起來，下午無法太早開始午睡，仍建議在下午五點前完成午睡，避免太接近晚上的睡眠時間。

利用午睡加強夜晚好眠

如果由於某些因素而睡不好，像是感冒、太晚睡、受到外在因素干擾等，而且小孩沒有因此在第二天早上晚起，有時候可以增加一點午睡來充電。更好的做法是，設法讓第二天晚上睡好一點，也就是略減少第二天白天的小睡總時數或提前小睡，把睡眠驅力集中在第二天晚上，形成一個新的良性循環的開始。必要的話，甚至不午睡，讓完全的睡眠不足在第二天晚上獲得發揮。但這種做法要視小孩而定，有些小孩可能會過度疲累，到了晚上該睡覺時，疲累感（疲累訊號）過於強大或快速，大幅蓋過嗜睡感（睡眠暗號），使小孩感到不適。（關於疲累訊號與睡眠暗號，見七十二頁）

小孩不午睡了，可以嗎？

不少小孩在這個年紀已經不想午睡了，白天可以做的事、可以玩的遊戲，統統都讓他們不想再午睡。如果家長試過各種方法，發現小孩再怎樣都很難午睡的話，我們的建議是，不見得需要太勉強小孩。

兩個前提：第一，評估小孩下午的狀態，如果下午的情緒與體能都沒問題，當然可以不用午睡。畢竟午睡的目的就是讓小孩下午的體能和情緒不受影響，如果你觀察小孩雖然白天沒有午睡，但是下午的體能和情緒都很正常，那麼兩權相害取其輕，與其在午睡時間拚了老命和小孩搏鬥，不如把這些時間拿來輕鬆過生活。

第二，三歲後如果進入幼稚園就讀，現在的幼稚園都會安排一～一個半小時的午睡，除非幼稚園特別有彈性，能針對不午睡的小孩做出額外安排，不然就要看家長與幼稚園之間的溝通了。由於多數幼稚園都習慣安排午睡，我們建議盡量讓小孩保有午睡的習慣，畢竟就像一直強調的，午睡有午睡的好處。

睡眠特色是轉變，也是穩定的開始

愈來愈多臺灣家長選擇運用育嬰假親力親為處理小孩的大小事務，給予無微不至的呵護與照顧。爸媽熟悉自家寶貝的生理作息之後，很可能寶貝還沒哭喊就已備妥母奶或配方奶；寶貝哭喊後能正確猜出他是餓了、尿布溼了，還是想睡覺；或許是能夠迅速辨認寶貝發出的睡眠暗號，並有技巧地協助他入睡。更重要的是，爸媽總是常常與寶貝互動。總之，小孩不只是生理上感覺舒適，心理上也感覺溫暖又安全。

然而，當小孩兩歲之後，多數爸媽需要結束育嬰假，或是小孩開始進入托嬰中心或幼稚園，此階段的睡眠發展特色會受到「生理作息的改變」與「心理預期的改變」的影響。

生理作息的改變

爸媽結束育嬰假之後，小孩有可能會經歷照顧者的轉換，有可能是轉由長輩照顧，或進入幼幼班或托嬰中心就讀，又或是從托嬰中心銜接到幼稚園*。不論何者，都代表小孩需要重新適應新的環境與新的照顧方式，儘管原先的照顧者可以羅列出孩子的各項飲食與睡眠偏好或作息表，但每個照顧者（或照顧團隊）的方式仍略有差異。

白天，小孩有可能因為環境設定的改變，例如：幼稚園不熟悉、太熱、太冷、太吵……尚在適應中而難以好好午睡，也可能因為不良的睡眠作息，例如：白天的午睡太長、太晚午睡等，干擾了夜間的睡眠品質。

晚上，小孩則可能因為配合幼幼班（二歲左右）或小、中班（三～四歲）的作息，得開始為了早起上學而早睡，生理時鐘卻尚未前移而發生入睡困難。或者是睡前活動有所變動，比如開始上才藝課程等，很難從活躍的、忙碌的、疲累的狀態安頓下來，在該睡覺的時間睡覺。

關於二～四歲小孩的睡眠需求與如何找到他們的午睡節奏，以因應白天的生理作息改

---

*根據《兒童及少年福利機構設置標準》規定，托嬰中心只能收托〇～二歲寶寶，但為了解決年頭孩子有斷層、年尾孩子趕不上的問題，法規允許延長兩歲孩子在托嬰中心的時間，最大托嬰年限不得超過三歲。

變，一二六頁已有詳述，簡單來說就是盡量固定時間午睡、午睡長度固定、可略微增加午睡來為前一晚的睡眠不足充電、可減少當天午睡來增加當晚的夜眠品質。

如何因應晚上的生理作息改變，我們會在一九七頁的〈不想去睡覺……〉一節詳述，這裡先簡單預告如：睡前空一段放鬆時間、對於睡眠的相關害怕給予再保證、處理睡眠過程中可能出現的不適、告知睡眠的目的是為了更大的玩樂、睡前儀式多一些適度的玩樂、找到符合的專屬睡眠訓練方法等。

心理預期的改變

由於爸媽重返職場，陪伴小孩的時間明顯減少，原本白天的陪伴時間整個移除之外，或許還會遇到把工作帶回家加班，以及下班後忙著處理家務的情形。小孩此時容易出現捨不得睡、不想睡的反應。你會發現，小孩拿同一本繪本要你一講再講，同一首歌唱五遍以上，明明已經出現疲累訊號了仍難以哄睡，甚至出現比以前更多的哭鬧反應，小孩的小小內在世界或許是想告訴你「我想你，陪我久一點」。

針對這類心理預期的改變，我們會在下一節〈爸媽找情緒，寶貝上學去〉（見一七二頁）有更多詳述，但主要策略就是「直接幫小孩把感受講出來」，例如「寶貝好開心喔」、「寶貝好生氣喔」，並抱抱小孩。如果是二～三歲的孩子，可以帶著小孩一起說，或讓小孩模仿你，語句要簡單。如「我好開心」、「我好生氣」。如果是三～四歲的孩子，帶著小孩運用短句一起說，或透過問問題或是給選項的方式，引導小孩表達。

＊　＊　＊

總而言之，二～四歲對小孩來講算是進入了下一個階段，會出現很多改變，這些改變必然會發生，爸媽要找到方法協助自家寶貝應對。這些改變如果應對得好，將會是很好的轉變。

想再提醒的一個重要原則是，此階段小孩已有理解能力，可以多對他解釋，讓他知道，自己已經慢慢長大了，才會出現這些改變，可能會有些不習慣，但都是成為更大、更棒的小孩的過程。多給予小孩一些「社會性」的「獎勵」對話＊，像是注視著小孩並微笑著說「你好努力喔！」、「你變成了很好的大哥哥／大姊姊了！」

＊註：關於獎勵原則，可參考四～六歲階段的二四七～二四八頁。

睡眠vs心理發展

爸媽找情緒，寶貝上學去

心理—感受找找期

臺灣有許多雙薪家庭，因此有許多小孩在二～四歲階段進入托嬰中心或幼稚園，學習與照顧者長時間分離以及團體生活。這對小孩而言是項挑戰，可能產生明顯的壓力，甚至可說是此階段小孩常見的壓力來源，千萬不要小看。試想，小孩既要面對分離，又需要獨立處理某些事務，比如和很多人一起待一整天、有需求要講出來、獨自走進教室、吃平常可能唉唉叫就不用吃的食物……即使年紀尚小，他們的內心還是會有許多感受咻咻咻地一直冒出來。

隨著年齡的增長與需要獨立處理的事務變得複雜，小孩會衍生許多感受，此時若難以命名自己的情緒，不知道自己怎麼了，又未被適當地理解，往往會在行為表現上顯得不穩定。相信許多爸媽都聽過類似的故事：小孩去學校前不願意穿鞋子、車子開到學校附近就開始哭、在家很好睡但在學校午睡總是睜大了雙眼、在學校都很配合一回家就「歡必霸」。

上述這類例子不勝枚舉，有些小孩還會在上學前一天出現抗拒睡覺、焦慮難眠、夜間惡夢等反應。我們在此將分成「協助寶貝上學去」與「協助寶貝找感受」兩大方向，與爸媽分享一些好用的策略。

協助寶貝上學去

該如何協助孩子學習與爸媽長時間分離，並逐步融入團體生活呢？可參考以下幾點。

■提早做分離練習

爸媽很可能在小孩一～二歲時就需要處理他們的分離焦慮（見一三二頁），同樣的策略也適用於去托嬰中心或上幼稚園前的分離練習。不過，此時需要拉長分離時間，比如從半小時到一小時的分離時間，拉長到二～四小時。練習分離時可請其他熟悉但非固定的照顧者來幫忙。目的是讓小孩知道，即使你們分離了較長的時間，你還是會回到他們身邊。

在學校附近的公園玩耍

托嬰中心或幼稚園附近若有公園或廣場，可以提前帶小孩去玩耍。除了有機會認識未來的同學——根據經驗，許多爸媽或阿嬤阿公白天最常帶著孩子逗留的地方就是公園——也可以趁機熟悉附近的環境。

參加有趣的團體課程

托嬰中心與幼稚園都是團體生活，對於獨生子女或只有少數兄弟姊妹的孩子而言，可說是既新鮮又具挑戰的體驗。建議爸媽嘗試帶小孩參與一些有趣的團體課程，如律動課、音樂課、藝術課等，讓小孩練習待在團體中、練習聽老師在講什麼、練習願意讓老師幫忙、練習和大家一起合作或一起玩。

這時，爸媽或許就有機會發現，「唉呀，我的小孩是『當機組』。」老師叫名字時，叫了十次有十次都不舉手；老師邀請孩子和大家一起玩時，小孩屁股就像黏了強力膠一樣動也不動，小手緊牽著爸媽不放就是不放，讓人又氣又急。爸媽往往心想：「明明在家就不是這樣呀，現在給我搞這一招？錢都繳了耶。」

我們想邀請爸媽，調整一下呼吸，回想一下小孩的語言和動作發展上是否都在寶寶手冊建議的範圍內？假如沒有，可以帶小孩前往復健科做初步檢查；假如有，那麼你家寶貝或許是屬於「暖機組」的孩子，他們需要觀察環境，累積安全感，暖機更久，讓我們一起耐心地等候和陪伴他們吧。

■提早幾天認識學校老師

即將前往托嬰中心或幼稚園就讀前，可提前致電並安排參觀時間，帶小孩前去熟悉學校環境與老師，增進小孩對陌生環境與老師的認識。也可詢問托嬰中心或幼稚園是否有半天試讀期，協助小孩先從半天的活動開始參與，再漸進式參與一整天的活動。

■請學校提供整日行程表

托嬰中心與幼稚園通常會安排一些固定活動，除了固定的用餐與午睡時間，像是早操課、體能課、角落時間、玩具分享日、媽媽說故事時間等，若能事先向學校拿取行程表，預先告知小孩，或在家中做一些簡易練習，將幫助小孩對學校的活動與行程更有控制感。

■讓上學的路途充滿樂趣

帶小孩前往托嬰中心與幼稚園的路上，可以進行一些愉快的活動，像是唱歌、屬於你們的小遊戲，協助孩子將樂趣與學校連結在一起。

■接納孩子各式各樣感受

小孩可能不想和你分離並為此傷心、哭泣；去了托嬰中心或幼稚園可能會緊張、害怕；回家後可能會生氣或是更加黏人，此時此刻，需要爸媽接納小孩各式各樣的感受，不去評價或否定。請提醒自己，不要講一些踩地雷或豬隊友的話，比如「有什麼好哭的」、「不可以生氣」、「你很膽小耶」，這些都可能讓小孩感覺更差，然後漸漸地不敢把心裡真正的感覺告訴你。讓我們一起試著給予擁抱與安撫，允許寶貝放心地講出他們心裡的所有感受。

協助寶貝找感受

情緒可分為初始情緒與類別情緒。初始情緒是大腦對日常經驗的重要性及好壞做出的第一次評估，可從非語言及語言表達中觀察得到。非語言的部分包括臉部表情、眼神溝通、聲調、肢體動作、態度、回應時機、語氣強度等，語言部分則常以簡單的「好」或「壞」來表達。類別情緒則是可以用詞語標示出來的情緒種類，如悲傷、生氣、恐懼、高興、驚訝、厭惡或羞愧。

二～三歲的小孩已能講較多單詞和短句，通常可以透過自發性表達來滿足自己的生理需求，像是「我肚子餓」、「我想喝水」；在情感需求上，爸媽比較容易透過小孩的表情、語氣、動作猜到他們的感受。比如小孩臉部脹紅、大聲大叫「吼～弄不好」，還把拼圖甩到地上，可能就是感到生氣與挫折。

此時要是詢問小孩「怎麼了？用說的」，儘管小孩已能講出短句，面對與感受相關的問題，多半仍用「好／不好」回應，因此可以帶著小孩，試著用簡單的話語說出他們的感受，就算只是模仿你的話語也沒關係。例如「我好開心」、「我好生氣」、「我好害怕、好恐怖喔」這類能夠反映感受的簡單短句。

若是已能掌握更多短句的三～四歲小孩，則可以試著引導小孩用合宜的長句說出自己的感受。透過開放式發問如「寶貝你怎麼了？」或是給予選項，如「寶貝，狗狗突然大叫，你後退一步，然後你哭了，是好難過或是好害怕嗎？」或「寶貝，你來不及走到廁所就尿在褲子上了，現在頭低低，是好緊張還是好害羞呢？」協助小孩自行體會一下，再自己講出來。

當然，如果小孩主動述說自己的感受，更要立即給予回應。比如「喔~我了解了，別擔心，我在你身邊」。此外，透過引導小孩運用一至兩句話簡單述說與感受相關事件，更可以進一步協助他們重新整理這些經驗與感受。

隨著小孩年齡的成長與語言成熟度的差異，爸媽引導和回應他們的方式會有所不同。當然，當中仍然存在很大的彈性，要是發現小孩對於開放式引導沒有反應，別急著氣餒，試著轉換成選項，或是改問封閉式問題，甚至直接幫小孩把感受講出來，都會是個好選擇。要是小孩對於你在感受上的引導都沒有回應，給他們一個暖心的擁抱吧，此時可能無聲勝有聲喔！

協助寶貝向尿布說拜拜

除了協助孩子度過進入托兒所或幼稚園的分離焦慮，爸媽最常浮現的問題是：「我家寶貝還在包尿布，可以去上學嗎？」

這個問題背後的挑戰其實是戒尿布，就是訓練如廁。雖說是個挑戰，不過大多數認知與動作正常發展的小孩在二歲左右就能逐漸學習並獨立完成，爸媽不需過度焦慮或是嚴格訓練與催促，致使親子關係變得緊張。提供適時的引導與回饋，小孩就會更順利地度過這個歷程。

針對如廁訓練，為了兼顧小孩的生理成熟度與心理健康，我們建議爸媽應先花幾星期觀察，小孩在尿尿或大便前後會不會發出一些訊號，然後為小孩建立「上廁所相關步驟」，最後再陪伴小孩，階梯式戒除尿布，完成如廁訓練。

讀懂小孩發出的訊號

二歲以上的小孩雖然還來不及先表達再尿尿與大便，或許還沒學會坐馬桶，但已經會在尿尿與大便的前後做出某些反應。這類反應像是：有尿意出現時，孩子會突然靜止不動或是跑來跑去；小孩尿尿與大便後，會露出「我覺得怪怪的」表情，在你身旁晃來晃去；小孩可能正在大便，不要你看著他等。諸如此類的反應都是你家寶貝向你發出訊號，每個小孩都有自己表達訊號的方式，需要爸媽仔細觀察。像是，有些小孩總會在抖一下身體後一直抓著尿布，爸媽就可以猜想是不是小孩想尿尿或是剛尿尿了。也可以試著幫小孩換尿布的同時，告訴他們「尿布溼溼的，好重喔，我們來換乾淨的尿布，屁屁好舒服喔」，讓小孩在過程中熟悉沒有尿布、乾爽舒適的感覺。

■上廁所需要動作步驟

對大人而言，上廁所是件自然而然的事情；但對小孩來說，上廁所的每個動作都像一格階梯，需要穩步慢行。這些動作包括了走到馬桶旁邊，自己脫下小褲褲，雙腳張開坐上小馬桶。有些家庭是在馬桶上放置小孩的馬桶輔助墊，小孩得先站上小椅子才能坐在馬桶上（小男孩在練習初期，坐在馬桶上比較容易尿，不需要一開始就要求小孩站著尿尿）。更完整的步驟還包括拿衛生紙擦拭，從馬桶下來，穿上褲子等。

要完成這些動作，涉及小孩能夠感覺到尿意，能夠忍住的膀胱肌肉控制力量，也涉及動作發展的穩定性，以及語言發展的成熟度，比如懂得表達「尿尿」、「我要尿尿」、「肚子痛」。這些動作步驟看起來像是一系列連貫的行為，其實對小朋友來說，在練習的過程中，每一個步驟都是一道關卡。如果小孩做不到，大人可以幫忙他們；如果小孩做到了，大人記得一定要大大肯定他們。如果無法在剛開始練習時就一氣呵成完成這些步驟，別氣餒，大家都是這樣走過來的。

■階梯式完成如廁訓練

動作步驟的完成並非一蹴可幾，但可以把每一個動作步驟都視為一格階梯，運用一些方法陪伴小孩循序漸進的爬階梯。比如運用繪本讓小孩知道有哪些如廁流程，可以邀請小孩坐馬桶，但不需要太頻繁，不強迫小孩一定要上出來；如果小孩在任何一個動作步驟成功了，立即給予大大的讚美。

除此之外，儘管戒除了白天的尿布，正在進行如廁訓練，小孩仍有一段時間需要在夜間持續包尿布。建議睡覺前兩小時減少讓小孩喝飲料，並在睡前帶小孩上一次廁所。如果小孩半夜仍會尿尿，可以設定鬧鐘，半夜叫他們起來上廁所。最重要的是，爸媽要接納小孩子在這個過程中會頻繁地尿床。

慢慢地，有可能換成小孩在半夜感覺到尿意，再叫大人起床陪他們去廁所，此時可以準備戒掉夜間的尿布了。也有些小孩的生理時鐘及抗利尿激素已經平穩及發揮作用，比較不會有夜尿，就不用特別在半夜叫醒小孩，可順著戒夜間的尿布。話雖如此，半夜起床仍是一件疲累的事，但有了爸媽的耐心陪伴，小孩將更順利度過。

協助寶貝向奶嘴說拜拜

小孩為什麼喜歡奶嘴呢？「奶嘴」的美式英文是 pacifier，由 pacify（安撫）一字而來，代表是能讓人感覺到被安撫的物品。不僅如此，臨床的兒科醫師表示，吸奶嘴能明顯減少嬰兒猝死症的發生機率，能讓嬰兒不容易趴睡（也許是奶嘴擴充了嬰兒的臉蛋與床之間的空間，或許是嬰兒為了找奶嘴會醒來），進一步減少了相關風險。

二〇一一年美國兒科醫學會增訂〈嬰兒睡眠環境安全準則〉時，已加入「小睡和睡覺時應該讓嬰兒吸奶嘴」條文，建議「可考慮在睡眠時使用奶嘴，奶嘴不可懸掛於嬰兒頸部或附著與嬰兒衣物上。如果嬰兒拒絕奶嘴，則不應強迫，可在年齡稍大後再嘗試。餵哺母乳者，可在已明確建立母乳餵食後，再開始於嬰兒睡眠時使用奶嘴，一般於三～四周大之後」。

不過，小孩子的乳牙差不多在二歲半至三歲之間萌發完成，由於奶嘴可能影響牙齒的咬合，中華民國牙醫師公會全國聯合會建議在三歲前戒除奶嘴。除此之外，有臨床的兒科醫師指出，小孩約在六歲左右開始長恆齒，可考慮在三～六歲戒除奶嘴。換言之，該在哪個時間點戒除奶嘴似乎還沒有一致的說法，這裡建議爸媽在小孩二～三歲時開始練習戒除，要是無法在三歲前戒除不用太擔心，直到六歲之前都可以持續嘗試！

針對戒除奶嘴，為了兼顧小孩的心理對安撫的需求，整理以下五點建議：

■訂定固定使用時間

漸進式減少使用奶嘴的時間，例如在晚上睡覺時用，白天盡量收起來。

■奶嘴以外的安撫物

奶嘴可以給小孩安撫感，如果白天把奶嘴收起來，就要讓小孩有其他遊戲可以轉移注意力。當然，也可以透過過渡客體（安撫物）取代奶嘴的功能。

■適時補充安全感

在時間允許之內，充分陪伴小孩是提升安全感不可或缺的一環，爸媽溫暖的陪伴一定比奶嘴與安撫物更有意義。

■讓小孩知道奶嘴放在哪裡

即使白天把奶嘴收起來，還是可以讓小孩知道奶嘴放在哪裡，會帶給他們安心感。不需要說「嘴嘴不見了」，這樣小孩可能會很傷心。也不需要說「吃嘴嘴是小寶寶，你還是小寶寶嗎？」這可能會讓小孩不知所措，因為他們可能還很想吃奶嘴，也覺得小寶寶沒什麼不好，大人的威脅語氣會讓他們感到混淆。

■尊重戒奶嘴的步調

每個小孩對奶嘴的需求與依賴程度不同，通常來說，在溫和的練習與陪伴之下，都能順利戒除。

常見睡眠狀況與問題 惡夢與兒童睡眠呼吸中止症

惡夢

■惡夢不怕怕

此階段小孩睡前應該很習慣聽故事入睡，也許有時會冷不防聽到一些令他們害怕的故事（儘管害怕，但仍然想聽），如果爸媽發現小孩因此在晚上哭醒，突然說「我會怕！」出現害怕與哭泣的反應並抓著你的手，似乎做了什麼可怕的夢，甚至有點害怕再次入睡，就該思考小孩是否做惡夢了。

依據「兒童焦慮網路」（the Child Anxiety Net）報告，二～十四歲的兒童與青少年中，高達九十%擁有至少一樣令他們害怕的事物，而這些害怕的事物對此階段的兒童與青少年而言，都可能成為惡夢的元素，特別是白天比較焦慮或有壓力時。

「兒童焦慮網路」將這些恐懼依照年齡分類——

〇～二歲嬰幼兒：巨大聲響、陌生人、與父母分離、巨大物品。
三～六歲學齡前幼童：想像出來的事物如鬼和怪獸、黑暗、獨自睡覺、陌生聲響。
七～十六歲兒童與青少年：對較真實的事物感到恐懼，比如受傷、生病、學校表演、死亡、自然災難等。

如果這些恐懼影響了小孩的睡眠，小孩通常會在做夢期睡眠最密集的下半夜醒來，常見在睡醒前一～四小時，臨床上稱為做惡夢或夢魘（Nightmare）。夢境內容以負面為主，如害怕、驚悚、悲傷或難過，醒來後通常伴隨擔心害怕、不開心生氣，或是出聲哭泣等反應，也可能會出現心跳加快、呼吸加速等生理反應，並因而清醒過來。小孩往往記得夢境的內容，更容易出現害怕情緒，因此難以再次入睡。由於是夢境，意謂是小孩真實且真切的感受，建議照顧者給予陪伴或安撫。

做惡夢是在做夢期睡眠出現的現象，和在深睡期睡眠發生的夜驚不同（見一四二頁）。做惡夢的話，「會記得夢境內容」、「會清醒過來」、「有害怕情緒」、「難以再次入睡」，且多半發生在下半夜。左圖列出了更清楚的整理與比較。

	夜驚或睡驚 （Night terrors）	做惡夢或夢魘 （Nightmare）
睡眠階段／出現時間	·深睡期睡眠 ·睡眠前⅓ - ½ 發生 ·大約入睡後1 - 4小時發生	·做夢期睡眠 （快速動眼睡眠） ·睡眠下半夜發生 ·睡醒前1 - 4小時發生
常見症狀／生理反應	·伴隨著尖叫、驚恐 ·通常沒有完全清醒 ·對發作內容毫無記憶 ·可繼續返回睡眠	·伴隨著擔心、害怕、哭泣 ·通常會醒來 ·記得夢的內容 ·因害怕情緒而難再次入睡
盛行率／常見年齡	·18個月大盛行率36.9% ·30個月大盛行率19.7% ·成人盛行率2.2%	·3 - 5歲發生率10～50% ·6 - 10歲時頻率增加 ·10歲後的發生率逐漸下降
常見原因	·作息變動導致睡眠不足或睡眠剝奪 ·過度疲勞或亢奮使身體疲累 ·發燒、身體不適 ·有遺傳的可能性	·作息紊亂後補眠使做夢期增加 ·藥物影響 ·生活變動、壓力、憂鬱或焦慮情緒 ·睡前過度刺激及使用3C產品
面對與處理	·不焦慮 ·要安全 ·不叫醒 ·要睡飽	·作息保持規律性 ·白天適時放輕鬆 ·睡前減少刺激 ·安撫轉移一起來
進階策略／臨床建議	·定時喚醒 ·專業醫療的協助與檢查	·給予安全感、重建好夢境、保有彈性 ·專業醫療的協助

■惡夢的可能成因

三～五歲小孩做惡夢的機率高達十～五十％，男女發生的機率差異不大。一般而言，六～十歲階段頻率會增加，十歲後逐漸下降。由於做惡夢有「在做夢期出現」、「與小孩的情緒有關」兩項臨床特色，所以可從以下兩點探討發生原因：

◎在做夢期出現

小孩的做夢期要是增加，可能增加發生惡夢的機會。舉例來說，要是作息紊亂或睡眠不足，在作息紊亂或睡眠不足的天數裡會造成做夢期的剝奪，並讓緊接著的補眠日或是已恢復正常睡眠的前幾日，做夢期出現補償性增加，因此提高做惡夢的機率。要是孩子有服用抗憂鬱藥物、抗高血壓藥物和抗組織胺等會改變睡眠結構，增加做夢期睡眠的藥物，同樣可能會增加做惡夢的機率。

◎與小孩的情緒有關

做惡夢通常和小孩的白天情緒有關，比如白天比較焦慮、害怕，或是生活有變動、壓力事件較多，都容易增加做惡夢的機率。常見孩子在開學時、考試時，或是白天看了恐怖電影時做惡夢。睡前過度使用3C產品導致睡前過度刺激，也可能影響做惡夢的機率。另外，小孩若有異常的憂鬱或焦慮情緒，以及類似創傷後症候群的症狀，也會增加做惡夢的頻率與強度。要是惡夢的發生頻率與強度增加，爸媽應該特別注意。

■如何減少惡夢發生的機會？

當然，儘管知道小孩做惡夢的原因，爸媽仍會為他們做惡夢後的反應而擔心。我們不只害怕無法預測或理解的事情，同樣害怕無法控制的事情，看到小孩尖叫與哭泣很容易慌張、不捨，一方面擔心自己無法有效處理，一方面為了小孩的反應而不安。

想幫助小孩降低害怕與焦慮，讓他們獲得自我掌控感很重要，以下是建議做法：

◎作息保持規律

避免睡眠的剝奪與不足，減少接下來的睡眠過程中做夢期睡眠的補償性增加，都能減少惡夢的發生率。

◎白天適時放輕鬆

想要減少夢魘，首要任務就是讓小孩減輕壓力、解除焦慮。可透過每天安排二十分鐘的特別時間，陪伴孩子從事他喜歡的互動性活動，比如玩玩具、共讀繪本、邊騎腳踏車邊聊天。期間不批判小孩，以創造正向、愉悅的經驗為目標。

◎睡前減少刺激

睡前減少過度刺激的行為，像是避免過度興奮玩樂、避免聽看過度亢奮的故事或畫面。另外，睡前減少使用3C產品也能減少刺激。

◎安撫轉移一起來

睡覺前將安撫物品準備好，像是抱著會讓小孩感覺溫暖安全的娃娃，除了能達到睡前的安撫效果，半夜做惡夢醒來時也能發揮穩定陪伴的作用。有些小孩還沒入睡就擔心會做惡夢，這時可運用轉移注意力的方式，轉移小孩入睡前的擔心，像是在睡覺前唱一首喜歡的歌。建議透過各種方式在入睡前創造安全感，像是與小孩聊天，澄清他們的擔心，亦可輕撫與擁抱他們。

■小孩做惡夢該如何處理

◎保持冷靜

若大人都驚慌失措，小孩將更加不安。試著讓自己緩慢呼吸，讓呼吸與心跳保持平穩，才能清楚知道自己身處什麼狀況以及需要做什麼處理。

◎加強安全感

承認小孩的恐懼，那對他們而言是真實的害怕，同時告訴小孩「我／我們在這裡，你很安全」，然後抱抱小孩，讓他們感受到你會在旁陪伴他。

◎重建好夢境

爸媽可以帶著小孩「重建夢境」，邀請小孩嘗試畫下那些恐懼、害怕的負面畫面，再將之引導為開心、快樂等正面結尾。比如小孩畫了一個鬼怪的形象，就為其著色，畫上一個微笑的嘴巴，賦予鬼怪一個完全不同的意象。

小孩具有絕佳的想像力，陪伴他們將本來恐懼的鬼怪擬人化，除了能把結局變正向，也可以嘗試從鬼怪的角度思考，幫助小孩重新看待他們的害怕。電影《怪獸電力公司》就描述怪獸為了獲得電力而闖入小孩的夢中，其實有些怪獸也相當害怕，甚至做出相當可愛逗趣的行為呢！

◎適度有彈性

此階段的小孩也許想在睡覺時開著小夜燈，或要家長陪同入睡；有些小孩要求家長整夜的陪伴，甚至不願意待在自己的房間，想去爸媽房間睡。建議適度允許小孩的要求，再運用前述策略，陪伴他們度過恐懼的風暴，並相信他們最終可以穩定回歸常態作息，獨立入睡。

惡夢可能打斷小孩的睡眠，造成睡眠品質不佳，出現嗜睡或注意力不集中的行為症狀，適時提供協助不僅有助於小孩睡好睡滿，更有助於穩定小孩白天的情緒與提升精神狀態。

如果已經使用上述方法，小孩的惡夢出現頻率仍然很高，再加上出現明顯的害怕情緒，影響到日常生活，建議尋求專業醫療的協助，像是兒童心智科、睡眠專科。

兒童睡眠呼吸中止症

二～四歲小孩的睡眠過程中，除了惡夢會影響睡眠，常見的還有睡眠呼吸相關的問題。如果發現小孩睡覺時打呼聲不斷，容易流鼻涕、鼻塞，習慣用嘴巴呼吸，並伴隨著夜間醒來與尿床次數增加等情形，很可能不只是單純的打呼，而是「兒童睡眠呼吸中止症」。

嚴重的睡眠品質不佳可能會讓生長激素分泌不足，睡眠因呼吸阻塞而出現暫時缺氧可能影響生長及學習表現。根據醫學研究，七年級或八年級的小孩中，和成績較好的學生相比，成績較差的學生在學齡前（約二～六歲）的打鼾比例較高。醫學統計指出，學齡前兒童約有十～三十％有打呼現象，其中約二～三％有睡眠呼吸中止症的問題。兒童睡眠呼吸中止症的男女機率差不多（若是成人，男性出現睡眠呼吸中止症的機率大於女性）。

此外，小孩可能因兒童睡眠呼吸中止症而被誤診為注意力不足過動症（Attention Deficit Hyperactivity Disorder, ADHD）。由於呼吸阻塞導致睡眠中斷，使得小孩白天精神不佳、嗜睡等情況隨之頻繁出現。這個階段的小孩不容易自我因應這類精神不佳、嗜睡，白天為了抵抗嗜睡與不適感，很容易情緒暴躁、注意力無法集中，甚至影響學習能力，可能因此被誤認為注意力不足過動症，延誤了兒童睡眠呼吸中止症的治療。

■兒童睡眠呼吸中止症常見原因

◎鼻塞相關

臺灣的氣候是兒童睡眠呼吸中止症的常見原因之一，過敏性鼻炎造成鼻肉及相關組織肥厚，可能同時合併有流鼻涕、打噴嚏或鼻子阻塞等症狀。小孩如果先天的鼻道較狹窄，容易因為稍有分泌物或黏膜腫脹就阻塞。

◎扁桃體及腺樣體肥大

腺樣體位於鼻咽頂後壁，屬於咽淋巴組織，和扁桃體一樣會在出生後隨著年齡增長逐漸增大，一般二～五歲是增大的高峰期，十歲以後逐漸萎縮。扁桃體與腺樣體肥大容易堵塞鼻咽，引起鼻塞、呼吸不暢，尤其是夜間睡眠時若習慣仰睡，再加上睡眠過程中肌肉放鬆，容易加重打呼與呼吸阻塞等症狀。

◎肥胖

較肥胖的孩子咽喉部（指脖子處內部）的軟肉組織及脂肪較肥大，睡覺時容易因為躺下的睡姿，讓咽喉部的呼吸道出現阻塞。一般來說，較肥胖的小孩若採仰躺睡姿，更容易發生打呼與睡眠呼吸中止的情形。

■如何治療兒童睡眠呼吸中止症？

◎治療鼻塞

長期的過敏性鼻炎造成鼻塞，因而導致打呼、兒童睡眠呼吸中止症等睡眠呼吸相關問題的小孩，要是症狀已嚴重影響睡眠，可考慮使用口服抗組織胺，並在醫師評估下短期使用類固醇鼻噴劑，治療並改善過敏性鼻炎造成的鼻塞。當然，這類治療比較治標不治本，而且通常一開始治療效果明顯，一段時間後效果就會減弱。

◎扁桃體及腺樣體手術

扁桃體及腺樣體手術是兒童睡眠呼吸中止症常見治療方式之一，對於扁桃腺或腺樣體腫大的小孩來說效果很好，但如果是因為過敏或肥胖、扁桃腺或腺樣體只有輕度到中度腫大的小孩來說，效果可能較差。是否進行這類手術，需由睡眠專科醫師進行全面評估。

◎使用持續性正壓呼吸器與口腔訓練

使用持續性正壓呼吸器、進行針對兒童睡眠呼吸中止症而設計的口腔訓練，則是其他偏向非侵入式的治療方式。以持續性正壓呼吸器來說，透過給予呼吸道持續性正壓，讓呼吸道不會因咽喉部的軟肉組織及脂肪塌陷而塞住；口腔訓練則是透過特殊的訓練步驟，調整咽喉部肌力，並增加咽喉部的空間。

這些治療方式需要醫療人員仔細評估咽喉部的阻塞情況，且經由合格訓練及具有相關執業證照的醫事人員執行，建議前往醫療單位就醫。合格或合適的睡眠醫療機構可以參考「好夢指南」網址（https://hao-mong.tw/direction/）。

<table>
<tr><th colspan="3">兒童睡眠呼吸中止症</th></tr>
<tr><th>常見原因</th><th>影響層面</th><th>可能治療</th></tr>
<tr><td>過敏性鼻炎、鼻子阻塞</td><td rowspan="3">·嚴重的睡眠品質不佳可能讓生長激素分泌不足

·睡眠若因為呼吸阻塞而出現暫時缺氧，可能影響生長及學習表現</td><td>鼻塞的處理與治療</td></tr>
<tr><td>扁桃體、腺樣體肥大</td><td>扁桃體及腺樣體手術</td></tr>
<tr><td>肥胖相關問題</td><td>持續性正壓呼吸器、口腔訓練</td></tr>
</table>

好眠祕笈　不想去睡覺……

二～四歲的孩子應該都已培養好專屬的睡眠儀式了，但也可能得開始準備分房前的睡眠訓練，爸媽得備妥各種「改善捨不得去睡的情況」的好眠祕訣。

睡眠訓練

談睡眠訓練之前，想先聊聊睡眠訓練的文化差異。相信大家應該都聽過許多種睡眠訓練的方法，尤其是來自國外的文章或醫療報導，卻比較少在華人生活圈裡聽到誰誰誰在幫小孩做睡眠訓練，為什麼呢？

睡眠訓練指的是訓練小朋友獨自睡覺的能力，通常和訓練小孩分房睡有直接關聯（當然，有些家庭更早就開始訓練了）。以分房睡這部分來說，華人生活圈可能會等到小朋友比較大才開始，有可能是四～六歲的學齡前（四～六歲階段我們會再提及），但歐美國家可能從小朋友剛出生不久就開始訓練分房睡。

特別提這點，一來說明了我們為什麼直到二~四歲階段才談睡眠訓練，以及我們為什麼對於睡眠訓練的著墨不多。而且最想提醒大家的是，在延後分房睡的習慣之下，這些睡眠訓練對於所有人而言，尤其是對於需要同床的家庭（因居家環境受限而必須同房或同床）並不是一件容易上手的事。

睡眠訓練有非常多方法與技巧，這邊想分享幾個在臨床及實務上較常聽到的方式，並試著從溫和到反應激烈依序介紹：

■抱放陪睡法

是最簡單的方法，小孩接受度最高，但對於要養成讓小孩獨立睡著，需要很大的耐心，代表了很可能會失敗。首先按照往常習慣一樣進行睡前儀式，並在最後的陪睡步驟時——可能是抱睡、撫摸而睡，再小一點的寶寶可能是奶睡或瓶睡——在小孩即將睡著但仍未完全睡著時，把小孩放在床上，培養小孩自己在床上睡覺的能力。如果小孩因此醒來，則繼續哄睡，直到睡覺再離開。當然，這樣醒了就抱起來，快睡著再放下，再醒再抱，有的寶寶甚至需要重複抱放數十次到上百次，對爸媽而言是一大考驗，考驗了爸媽的愛心、耐性及體力。

■睡眠夫人挪步法

由金．維斯特（Kim West）所提出。在小孩睡覺的床邊放一把舒適的椅子，照顧者坐在椅子上，又稱椅子法。鼓勵小孩自己躺在床上，如果孩子不願躺下，可用言語或肢體給予鼓勵。如果小孩不停地想下床，平靜地小孩引導回到床上。此外，坐在椅子上安撫小孩。如果小孩真的哭鬧而需要抱起來，記得抱起來的目的是安撫情緒，而不是引導睡眠，不要讓小孩在你的懷裡睡著。待小孩情緒平穩之後，把小孩放回床上，直到孩子完全睡著之後再離開。如果半夜小孩醒了，回到同一張椅子上執行同樣的動作。再來，每幾天為一個單位，椅子逐漸遠離小孩睡覺的床，比如三天後從床邊移到房內，再三天後移至門口，又三天後再移到門外小孩看不見的位置，像是客廳或主臥室。

■暫時離開法

先按照往常習慣一樣進行睡前儀式，並在最後的陪睡步驟時和小孩說明會暫時離開，讓小孩有機會獨自待在房間裡，就可能因此增加小孩自己睡著的機會。你可以這樣說：

「我現在要離開房間一會兒，因為我要＿＿＿＿＿＿（想個可能會進行的活動），等一下就回來。」接著，在小孩下床前後回到他的房內，並肯定小孩剛剛一直待在床上等待，然後繼續使用上述句型，再次離開房間。每天逐漸減少回房間查看的頻率，增加小孩自己睡著的機會。這個方法對於較警覺、機伶的小孩而言，可能會在幾次嘗試後就破功，小孩會看破你的把戲，很可能會一直等你，或在你離開時緊緊跟隨著，不見得會成功，但仍然可以試試。

■拉長安慰法

清楚告訴孩子現在要在房間裡睡覺了，如果小孩要你陪他，清楚說明待幾分鐘（建議五～十分鐘）後你就會離開。如果小孩在房間裡哭鬧，試著不要立即給予處理，讓小孩稍微哭個五分鐘後再進房檢查他的狀況，如果小孩沒有特殊狀況，你要做的是安撫小孩的情緒，而不是哄小孩睡，然後慢慢拉長時間，從十分鐘、十五分鐘，直到三十分鐘為上限，直到小孩有辦法自己入睡。過程之中，小孩將經歷獨處及哭鬧的時間，照顧者需要一直準備安撫，並不是個容易的睡眠訓練。同時想提醒，當小孩有辦法獨處或自我安撫時，尤其是可以自己在房內睡覺時，一定要給予大大的鼓勵。

■讓他哭法

英文稱為 Cry it out = CIO，也有人稱之為 Controlled Crying = CC，有人稱為百歲訓練、有限度哭泣。簡單說就是先按照往常習慣進行睡前儀式，再來就是離開房間讓小孩自己入睡，不檢查也不安撫。原理是希望讓小孩知道這是睡覺時間，不讓小孩覺得你「有機會」進來陪伴，讓小孩能夠強迫自己入睡。

然而，此法已有不少文章擔心影響小孩的發展，也可能讓爸媽愧疚、備感壓力。尤其是不因哭鬧而進去檢查及安撫，可能造成較大的負面結果，畢竟哭泣就是小孩表達生理及心理需求的直接方法，可能原因包括了惡夢、夢魘、腸絞痛、太冷或太熱、兒童睡眠呼吸中止等。

＊　＊　＊

以上這些方法都已略為簡化，我們建議睡眠訓練一定要依照自己及小孩的特性加以變化調整，甚至許多家長會綜合這些訓練方式，組合成自家專屬育兒術，並可能在不同階段略為改變，甚至聽過兄弟姊妹適用不同方法的情形。

最後還想特別提醒：家人的觀念要一致，爸媽應先討論出共識後再試行，並保有調整的彈性。如果一直深受睡眠訓練困擾，建議尋求專業人員的協助。專業人員除了具備專業知識，也可以根據旁觀者的立場給予中性建議，有時候很快就能找到被忽略的盲點！

不想去睡

再怎麼乖的天使小孩也有不想去睡覺的時候。二～四歲小孩不想去睡覺，對抗睡眠，甚至和爸媽討價還價，不願意執行睡前儀式，絕對是多數家長的大夢魘。我們建議此時不要只是提醒、要求小孩去睡，更要減少和避免「懲罰」的出現，同時進一步多想想，是什麼原因導致原本可以乖乖去睡覺的小孩，時間明明到了卻仍然不願意去睡？

■原因一：捨不得結束玩樂

此階段小孩仍以享樂為最高原則，晚上要睡覺代表玩樂時光的結束，小孩當然很捨不得。換言之，小孩不是不願意去睡，而是不願意結束玩樂時間。遇到這種情況該怎麼辦呢？

◎更多的玩樂

告知小孩睡覺的目的是為了更多的玩樂。首先，同理小孩多麼捨不得玩樂，甚至說「爸媽也很捨不得結束玩樂」，讓小孩除了情緒上獲得同理，並知道原來其他人也有一樣的感覺。然後再告知小孩，睡覺的目的是為了隔天有更好的精神可以一起玩。建議善用白天太累無法好好遊玩的時機，讓小孩對於「太累就會無法盡興玩樂」、「好好休息就可以好好玩樂」產生連結。可以讓小孩覺得夢裡同樣能玩，會夢到許多好玩的遊戲。在小孩對夢感到好奇時，這樣說往往會產生特別的效果！

◎在睡前儀式裡加入玩樂

如果小孩希望擁有更多玩樂時間，那就再次修改睡前儀式，加入小孩喜歡的玩樂。當然，睡前儀式固然可以變動，但要記得「安撫入睡4R原則」（找到安撫資源、減少刺激感受、挑選安靜活動，以及盡量固定一致，見一〇四頁）與「三個向量原則」（從外到內、從亮到暗、從動到靜，見一四八頁）。雖然加入了玩樂的成分，千萬不要忘記減少刺激感受和挑選安靜活動這兩大重點。通常我們會建議從共讀著手，挑選一些互動式故事書，如翻頁書、聲音書、尋找書等，既增加了玩樂，又不至於因為太亢奮而影響睡眠。

■原因二：有害怕

此階段小孩有可能因為開始上學，在學校裡一定偶爾會出現想玩的玩具被同學或被家中二寶（或大寶）拿走，擔心睡覺後其他人會玩自己的玩具。怎麼處理這些害怕呢？

◎給予保證

關於小孩的害怕，我們建議一定要花時間處理，這是小小年紀的他們目前最大的擔心。通常給予小孩保證都很有效果，尤其常與爸媽互動的小孩往往都很信任爸媽。爸媽可以說說小孩睡覺後你們會如何保護玩具不被別人玩走，故事若帶有一點魔法更好。一旦小孩的害怕情緒被注意且被安撫，就比較願意去睡覺了。

◎放鬆

直接教這麼小的孩子放鬆訓練技巧可能還太早，但是仍然可以帶領小孩體會類似的概念，甚至成為睡前儀式之一。比如教小孩數自己的呼吸（類似緩慢呼吸法、腹式呼吸法），教小孩睡前動動肢體並感受肢體（正念的身體描掃、冥想法），也有不少繪本和音樂故事加入了這類情緒覺察和放鬆的概念，可藉由相關媒材讓小孩對放鬆有一些基礎的接觸。

■原因三：睡覺過程有不適

二～四歲小孩有可能因為惡夢或半夜尿床的不適而容易醒來，也可能會因而害怕睡覺，或者雖然不到害怕的程度，但不喜歡睡覺這件事。如果觀察到小孩出現惡夢或尿床的現象，記得設法理解原因並協助小孩處理。關於惡夢，請參考一八五頁。關於尿床，請參考二三六頁。

親子共讀筆記　運用孩子的想像力處理惡夢

二～四歲小孩已能參與許多活動，他們認識多元的事物之後，更可以聽懂指令，並運用他們所知的語言盡其所能地表達。這階段的小孩喜歡模仿，喜歡玩扮家家酒，開始有很多主見。他們充滿了好奇心與想像力，還有各式各樣的疑問，似乎任何事物都會變成某個問題，像是小鳥為什麼會飛？車子為什麼在路上？布丁為什麼甜甜的？

此階段的親子共讀除了持續尊重小孩的選擇與偏好，爸媽會驚喜地發現，自家寶貝將從觀眾的角色，邁向演員與導演的角色。在共讀的過程中，有時是你指引他該如何扮演，有時候小孩會有自己的即興演出。在這樣的互動之下，小孩不僅能享受樂趣，更能延長專注與投入的時間。

有時候，小孩會主動選擇喜愛的書本，邀請你一起閱讀。你將觀察到小孩的重複性降低，選項的多元性提升，他會指引你該如何扮演故事中的角色。類似的互動將讓小孩享受到實際操作想像力的過程。

閱讀指引

此階段的小孩仍傾向重複選擇喜愛的書本，儘管如此，他們產出的互動行為卻更加豐富了。好比說，小孩會對生動的表演特別有興趣，當你用誇張的音調與動作講述故事時，經常能把他們逗得非常開心。此外，小孩很容易進入故事情境中，將自己置換為某個角色，當你藉由故事與孩子進行角色扮演時，將有助於孩子更加投入閱讀。

有些孩子在三～四歲時，語言發展更為成熟，可能會喜歡拿著書本講故事給你聽。他們會模仿你講故事的字句，或是按照圖片順序編一個簡短的故事。他們會詢問你故事的情節，或把他們的生活經驗加入故事中，像是告訴你他們看過什麼事物、做過什麼行為、去過什麼地方。此時，請爸媽扮演一個熱情又充滿好奇心的聽眾。

互動策略

■肢體動作

此階段小孩的動作穩定性更加足夠，從書本延伸出來的活動可以設計成不同的類型。

舉例來說，講到和動物有關的故事，可以帶著小孩模仿動物的動作，比如兔子就是跳、蝴蝶就用手假裝拍打的翅膀；講到和遊戲有關的故事，可以帶著小孩一起玩同樣的遊戲，比如《青蛙王子》中小公主在玩球，可以帶孩子互相丟球。與此同時，他們對於抽象的形狀、顏色、數量已有更多認識，閱讀時可以玩「找一找」的遊戲，比如「找一找圓形躲在哪裡？是躲在甜甜圈裡嗎？」，讓小孩展現他們對這些概念的認識，增加學習的趣味。

■語言回應

此階段的小孩已經聽得懂連續短句，並能運用許多詞彙與簡單短句與爸媽對話、回應問題。當你生動有趣地講故事時，小孩會模仿你的表達方式，好比《青蛙王子》中小公主的球掉入水裡，你描述「小公主難過得哭了，嗚嗚嗚……」，小孩此時可能會模仿你說「嗚嗚嗚……」。或者他會投入故事情節，與你互動，你描述「小公主難過得哭了，嗚嗚嗚……」，小孩可能會拍拍你的背說「我幫你撿球」。促發小孩想問問題、想扮演，小孩最值得欣賞的就是擁有天馬行空的想像力。要是小孩不是照著故事情節問問題，或是他的扮演與故事發展不一致，也沒關係，嘗試不糾正，給予欣賞將引發更多創意。

此外，當小孩講故事給你聽，並且問你問題，你可以好奇地反問，他們喜歡這種自問自答的過程。例如小孩講《青蛙王子》時問你「你知道公主為什麼哭了嗎？」，你可以回應「不知道耶！為什麼呢？」。此外，你也可以問一些和他們生活經驗相關的問題，例如小孩講《青蛙王子》時，講到公主與青蛙玩球，你可以問他：「你也會玩球嗎？」、「你在哪裡玩過球呢？」

■睡前共讀這樣做

挑選與「睡覺」主題相關的繪本。故事內容帶入了睡前儀式，或透過重複韻律的文字建立良好的睡眠氛圍。此類書本常將小孩喜愛的玩具賦予白日辛勤工作的生命力，並帶出夜晚需要休息睡覺的意涵。共讀最後，帶著小孩一一向自己的玩具說晚安，有助於小孩融入角色，準備休息睡覺。

共讀與惡夢處理

有些繪本會把孩子的恐懼（鬼怪、黑暗、生病、死亡）當成元素，這類繪本的設計經常能讓小孩看見恐懼的不同樣貌，比如鬼怪可能也會怕人、生病如何治療，讓小孩有機會和自己的恐懼對話，進而和自己的恐懼和好。建議爸媽在白天和小孩一起共讀這類繪本，若小孩的語言能力發展較成熟，還可以引導他們表達自己的感受。我們不建議在睡前閱讀這類繪本，避免小孩還在消化相關感受，就要準備入睡。

給爸媽的悄悄話

爸媽也需要秀秀～

小孩進入二～四歲階段後，爸媽們一直用心幫小孩找感受，很努力幫小孩把心裡的感覺講出來、擔心小孩做惡夢並設法安撫他們……與此同時，請爸媽自問，經常猜錯小孩的感受時，你是否會苛責自己不夠用心？小孩被惡夢干擾得難以安穩入睡時，你是否懷疑自己的安撫策略，甚至懷疑自己的照顧能力？努力照料小孩的爸媽呀，你們是否經常忽略了自己？常忘了照料自己呢？

家有二～四歲幼兒的爸媽是需要秀秀的。原因有三。首先，現今的社會結構之下，爸媽們往往從小孩出生後就一路細心照顧直到二～四歲，努力了許久又許久，值得秀秀。再者，此階段小孩已有機會開始獨立，不管是出現其他陪玩者或陪睡員，或是開始上學，爸媽的空虛感隨之出現，或被小孩需要的程度下降，同樣很需要秀秀。最後，重回職場後的多工與多元角色可能讓爸媽的時間變得更零碎或更忙碌，當然需要好好秀秀自己。

需要自我疼惜的爸媽們

我們觀察發現，許多爸媽對於關照小孩的情緒不遺餘力，卻總是忽略自己也有受苦的時候。內夫（Kristin Neff）博士致力於發展「自我疼惜」（Self-compassion）的概念，希望提醒大家，當你正在經歷受苦的感受時，減少忽略這些感受，也減少批評你自己，取而代之的是，溫暖地關照自己的感受。

具體而言該怎麼做呢？內夫博士提出了「自我疼惜」三元素，包括了正念／內觀（Mindfulness）、人類普同性（Common humanity）、善待自己（Self-kindness）。依據這三個元素，我們針對此階段需要自我疼惜的爸媽提出以下三步驟建議：

■第一步：正念／內觀

先試著注意到自己正在受苦，可能是忙碌了一整天，時間已經很晚了小孩還在哭鬧不睡覺，一種深深的疲倦感；可能是彼此教養觀念不一致，雖然都很關心小孩但仍然爭執得面紅耳赤；可能是閱讀教養書時自責做得不夠多、不夠好，心口彷彿隱隱作痛。總之，當你注意到自己正在受苦，請試著以平衡的觀點「觀察」自己內在的想法與感受，「不要」

否認、評價，或是放大這些想法與感受，先「接納」自己觀察到的所有感覺及感受，知道有這些感受就好，不要評價它們，想像它們就像流水一樣經過。

第二步：人類普同性

當我們正在受苦時，經常會產生「為什麼只有我一個人在受苦」的錯覺。為什麼同樣是爸媽，自己的家庭比其他家庭來得受苦？為什麼同樣是小孩的家人，自己比其他人來得受苦？上述錯覺往往會更加放大受苦的經驗。

試著多觀察身邊的新手爸媽，或和朋友聊聊，或和托兒所、幼稚園的爸媽們聊聊，又或是好好找家人談談心，你會發現，自己並非獨自承擔著各種情緒，在這個家庭中、社會中，甚至在這個世界中，有許多和你很相近的人，大家正並行在這條路上前進。

第三步：善待自己

當你感到受苦、挫折，覺得自己不是一個好的照顧者，請不要忽略這些感受。更進一步，請試著對自己保持溫暖與接納。感到疲倦時，你可以輕閉雙眼，允許自己休息十五分鐘到三十分鐘，或是每天固定找個空檔讓自己休息一下。要是你感到生氣，試著表達你的需求，也許是讓自己在另一個房間喘口氣、冷靜一下。因為自責而覺得心口隱隱作痛時，請試著輕撫胸口，緩慢吸氣與吐氣，告訴自己「我現在覺得不太舒服，而我願意陪伴自己，度過這個難熬的時刻」。在這十五到三十分鐘的善待時光裡，你可以好好做一些自己喜歡的事！

不論各位是新手爸媽，或是擁有大寶、二寶或多寶的爸媽，你們正在經歷各種情緒，不妨按照這三步驟試看看。懂得疼惜自己，將幫助你更懂得疼惜孩子！

四～六歲：睡眠常態期

賴皮的學齡前兒童 PK 有原則的爸媽

睡眠發展　午睡好重要，但要找方法

兒童在四～六歲這個階段中，每日總睡眠約十～十三個小時，愈接近六歲，每日總睡眠可能會再縮短為九～十二個小時，夜晚主睡眠時間約八～十二個小時不等，視兒童有無午睡習慣而定。

此階段和二～四歲一樣不需要上午的小睡，但如果有需要午睡，建議最好在下午三、四點前安排一～一個半小時的午睡。不少研究指出，此階段的學齡前兒童——特別是幼稚園階段——如果有合適的午睡，對於記憶鞏固與學習有很大的幫助。麻薩諸塞大學阿默斯特校區（University of Massachusetts Amherst）的斯賓塞（Rebecca Spencer）等人二〇一三年的研究報告指出，有睡午覺（平均睡七十七分鐘）的學齡前兒童記得的圖像記憶，比沒睡午覺的孩子多了一成。

除了睡眠時數，也建議午睡時間點應盡可能固定下來。

此外，此階段的午睡特色是開始會在家裡以外的地方，如幼稚園（中班或大班）午

不同年齡層的睡眠總時數與睡眠階段比例

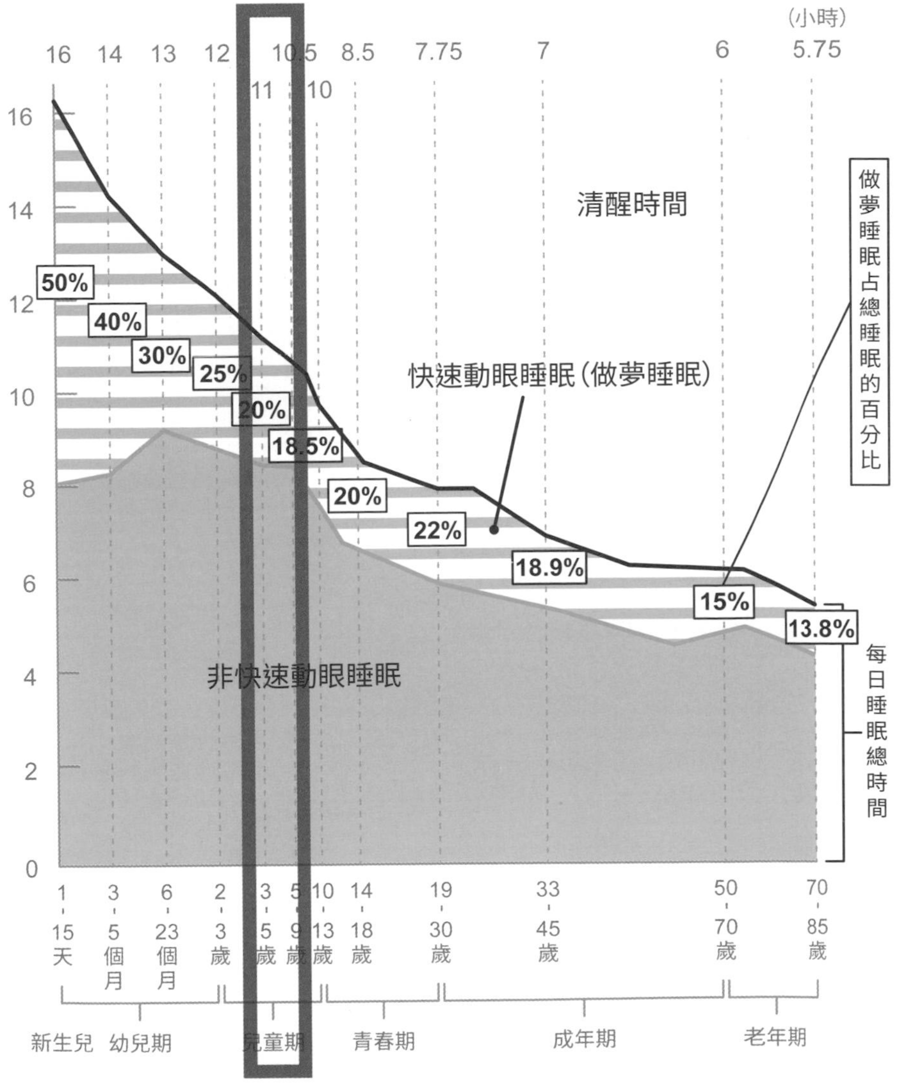

From: Howard P. Roffwarg

	睡眠總時數	晚上睡眠時數	小睡次數	關鍵建議
新生兒（2周前）	睡眠尚沒有固定的規律			褪黑激素未形成，白天順其睡眠需求
新生兒（3-4周）	約16-19小時		多次以上片段睡眠	褪黑激素未形成，尚無明顯夜裡主要睡眠區分
新生兒（2-3個月）	約15-18小時	仍無明顯夜眠，最長約4-6小時	5-6次片段睡眠	褪黑激素開始形成，代表夜眠開始拉長
嬰兒（4-7個月）	約13-17小時	約在11-14小時左右，常見夜眠型態為多次醒來	2-3段或更多次片段睡眠	因褪黑激素穩定，主要睡眠可集中在太陽下山的夜晚
幼兒（8-12個月）	約12-16小時	約10-14小時	2-3段	白天小睡開始配合生理時鐘而有其規律性
小小孩（1-2歲）	約11-14小時	約9-13小時	1-2段（下午為主早上為輔）	午睡逐漸穩定，可配合白天照光，夜眠關燈來穩定生理時鐘
小孩（2-4歲）	約10-13小時	約9-12小時	1次（下午為主）	午睡要固定。要避免太長或太晚的午睡，以免影響主睡眠
學齡前兒童（4-6歲）	約10-13小時，6歲縮短為9-12小時	約8-12小時	1次（下午為主）或不需要	合適的午睡時間對於記憶鞏固與學習有很大的幫助

睡，成為和照顧者分開、獨自入睡的考驗，這時從小建立好的睡前儀式和安撫小物就可以派上用場。當然，午睡時間不長，不可能花很多時間執行睡前儀式，簡單版的儀式如簡化成一個口號，或是說出想睡的感受（如「我想睡覺覺了」），能讓孩子雖然身處不同的地方，但藉由類似的儀式而順利啟動睡眠。孩子在學校若不想午睡，四～六歲是可以透過溝通講出感受的時期。

有午睡習慣的小孩

如果原本就有午睡的習慣，去幼稚園時相對容易適應，比較需要調整的可能會是入睡的啟動與午睡的時間點這兩個部分。

■入睡的啟動

一般來說，在家裡午睡的時間比較有彈性，午睡的啟動可能花費比較多時間，而且入睡啟動通常有家人的協助。但在幼稚園裡，由於時間受限，加上不可能有單一人員協助入睡，老師在一對多的情況之下，應該大多希望小朋友可以自己入睡。建議讓小孩平常在家裡就練習自己一個人午睡，或是把睡前陪伴物帶去學校，加強入睡的啟動。

■午睡的時間點

幼稚園的午睡時間大多落在下午一點到兩點半，建議爸媽在平日或準備進幼稚園之前一個月，就開始把午睡時間調整成和幼稚園一致。可以用逐漸前移的方式，大約一個禮拜往前三十分鐘為原則（如果調整上比較困難，就改成一個禮拜前移十五分鐘）。例如，原本的午睡開始時間可能是下午兩點，第一個星期慢慢調整成一點半，再一個禮拜之後改成一點，以配合幼稚園的時間。

■起床氣

盡量不要太晚才睡著。太晚睡著會有什麼影響呢？學齡前兒童若沒睡足夠就被叫起來，可能會睡眠不足，雖然午睡的睡眠不足不會造成太大問題，但容易有起床氣。老師叫小朋友起床，他們因為睡得太短，很容易出現情緒不佳的情況，如易怒、低落或反應緩慢。

起床氣在睡眠醫學上稱為「睡眠遲惰」（Sleep Inertia），通常是從睡眠的深睡期被叫醒所引起。就像電腦剛開機時需要一些作業時間、反應較慢，小孩剛從深睡期醒來時就是這樣，他們的大腦與身體原本處於最深沉的睡眠，呈現完全放鬆的狀態。

一般來說會希望小孩剛好睡完一個完整的睡眠循環，在淺睡期或做夢睡眠期醒來，避開在深睡期醒來，比較不會出現起床氣。四～六歲學齡前兒童的睡眠循環大約是一個小時到一個半小時，換言之，學校的午睡時間如果是一個半小時，希望小朋友盡可能在十五到三十分鐘內睡著。

如果小孩真的出現起床氣怎麼辦呢？通常情況下，小孩在深睡期醒來而出現的起床氣，往往會在短時間內恢復正常。不過每個小孩需要的時間不一致，如果自家小孩常在起床時出現睡眠遲鈍，可以事先知會學校老師，請老師在小孩起床時多給一點時間，讓小孩自行恢復。

原本不午睡的小孩

有些小孩在上幼稚園之前沒有午睡的習慣，讓爸媽擔心如何銜接幼稚園的作息，這邊一樣分成三部分討論。

■團體約束力

我們在臨床上發現一個很特別的狀況：小孩進入幼稚園後，會有很強的學習仿傚能力或是團體約束力，午睡時間看到其他小朋友都在睡午覺，有可能會跟著午睡。另一方面，不少幼稚園會在上午安排一些大肌肉的活動課程，小朋友在白天消耗了足夠體力，午睡的成功機會自然增加了，讓原本不午睡的小孩養成午睡的習慣。建議原本不午睡的小孩在學校裡出現午睡的習慣，爸媽應該延續該習慣，假日或是不用上學時，也在接近的時間安排午睡。

■至少有休息

當然，有些小朋友就是無法養成午睡的習慣，有可能是本來就沒有午睡習慣，也可能是換了環境不習慣，建議除了試著培養，也保留一些彈性。如果試了一段時間仍無法午睡，可和幼稚園老師溝通，讓小孩好好躺著休息就好，休息同樣可以補充體力，並協助和教導自家小孩如何好好在午睡時間躺著休息。此時通常建議給予「陪伴物」，甚至和負責睡覺的「安撫物」有所區別，賦予陪伴物只在幼稚園陪伴好好躺著的功能，並同樣在假日或是不用上學時，也試著養成相同的習慣。

請求老師或專業協助

如果連躺著休息也無法配合，盡可能在這段時間安排靜態活動，比如看書。但這考驗了幼稚園老師對於班級的掌控程度，其他小朋友可能因此而競相模仿，「為什麼某某某不用午睡……」，讓午睡時間出現其他躁動不安的小朋友。

如果出現這種狀況，請爸媽花點時間和老師討論對策，除了前兩點提到的，假日或是不用上學時，在家同步培養午睡或靜態休息，或在中午時間更換環境，減少對班級的影響，比如待在老師辦公室（當然這下可能換成老師無法休息而躁動不安）或是安全的獨立空間（如保健中心）。不過，此階段小孩應該大多可以養成午睡或靜態休息的能力，如果一直無法好好午睡或午休，建議尋找專業醫療人員評估，如兒童心智科醫師及臨床心理師。

睡眠特色　分房不容易，但別在意

共睡（co-sleeping）指的是嬰幼兒靠近爸媽其中一個，或靠近兩個，一起睡覺的做法。不論是睡在同一張床上，或是同房但不同床，都是共睡。共睡會使親子之間感覺更加接近，這樣的接近會經由各種感官所引發，如觸覺或味道。

研究顯示，共睡對於孩子的生理與心理發展是有好處的。生理方面，共睡孩子體內與壓力有關的荷爾蒙比較平衡，呼吸與心跳更穩定。心理方面，共睡孩子擁有更多正向的情緒以及良好穩定的自尊，對於睡覺比較不會感到害怕，對於親密關係感到舒適滿意，並能發展成獨立成熟的大人。

不過，共睡需要事先安排環境，畢竟安全是最優先也最重要的考量，這部分請參考三十七頁～四十四頁的嬰兒床安全法則與親子共眠安全法則。

有些情況確實不適合親子共眠，像是爸媽喝酒、抽菸、嚴重的情緒問題、長期服用鎮定類藥物、睡眠障礙或睡眠異常行為，或是具傳染性疾病，都會增加嬰兒猝死症的發生風險，應該避免共睡。

至於共睡到幾歲時應該考慮分房睡呢？常見說法是三～四歲開始練習，並在四～六歲漸漸趨穩定。主要考量是，待學齡前兒童的自理能力發展後，除了可在房內放置水杯、小便盆以解決喝水、如廁的問題，他們較能主動前往爸媽房間尋求協助，像是半夜找爸媽陪同去上廁所。此外，睡前的陪伴、認真看待與執行睡前儀式、允許孩子將房間布置成他們喜歡的氛圍（比如安裝造型可愛的小夜燈、孩子喜歡的玩具與玩偶）、成為孩子隨時可以找到的後盾，當孩子生病或情緒低落時，不介意偶爾共睡……注重這些細節能協助學齡前兒童在練習分房睡的過程中，感受到爸媽的接納。

另一方面，分房睡的年紀長期以來未有定論，有一說認為並非僅僅參考孩子的生理年齡，也要考慮孩子的心理年齡。畢竟每個孩子的氣質與適應度不同，甚至生理年齡與情緒成熟度也可能不一致。過度在意分房睡的年紀，反而讓爸媽更加緊張，以為自家寶貝跟不上發展年齡應有的行為，更加催促孩子，讓孩子跟著緊張了起來。

既然親子間的分房睡一直以來都沒有絕對正確的標準或做法，希望還沒有分房睡或還在分房睡但屢屢挫敗的爸媽不要氣餒，慢慢來就好！

分房睡可能面對的挑戰

此刻，我們更想和爸媽們聊一聊，分房睡可能會面對什麼挑戰？

■感到緊張的孩子

寶寶出生之後，爸媽經常陪伴在側，他們很習慣一睜開眼就看到人。當寶寶睜開眼卻沒看到人，有些時候他們會哭泣，因其「物體恆存概念」尚在發展，不懂「看不見並不等於不存在」。等寶寶長大成學齡前兒童，就算知道爸媽只是離開一下子，心底仍然期待爸媽很快回來，對於爸媽不在身邊又獨處在黑暗環境之中更加緊張。

■充滿擔心的爸媽

許多爸媽或許都有這樣的體會，與孩子同房時，頻頻醒來確認孩子的狀況好幾次；等到孩子去上學不在身邊時，非常頻繁地想起孩子。一想到孩子要練習獨睡，各式各樣的擔心隨之而起。具體化來說像是：孩子會踢被子嗎？孩子會自己起床去廁所尿尿嗎？

還沒獨立的孩子與爸媽

學齡前兒童上幼稚園之後，通常漸漸能和爸媽分開一段時間，獨立跟隨老師的引導從事學校安排的活動。儘管如此，孩子回到家後，仍然依戀著被爸媽呵護與照顧的感覺。有些爸媽往往會驚訝於老師回饋孩子在學校完成的事項，有些是在家中沒學過或沒出現過的。這可能來自於爸媽經常搶先一步幫孩子完成許多事項，或許是擔心孩子做不到，或許是覺得自己做比較快，卻降低了孩子獨立解決問題的能力展現。

練習獨睡前的準備

接下來，我們想分享學齡前兒童練習獨睡前可以做哪些準備。

學習克服緊張的孩子

增加安全感：學齡前兒童可能會有獨處時害怕的事物，比如黑暗與鬼怪，爸媽可參考一八五頁提到的惡夢處理方式，以及二〇六頁提及的繪本處理手法，或針對環境做些布置，像是昏黃助眠的燈光、孩子喜歡的布偶、能帶來安全感的小被子、輕柔的音樂等。再來，口頭上的再保證（爸媽會保護你）及再次提醒爸媽會在哪裡（就在隔壁房間），可以增加孩子的安全感，降低孩子的緊張、焦慮和不安。

睡前儀式的安排：四～六歲學齡前兒童放學後要完成的事情其實挺多，我們會在後文做更多討論。總之，為了讓孩子準備入睡，妥善運用時間與規律生活，固定且可預期的睡前儀式因此變得更加重要，能讓他們進而獲得控制感。孩子若過度疲累或匆忙，在壓力與緊張之下，很難擁有平穩的心情，爸媽就更放不下心讓孩子獨睡了。

■學習克服擔心的爸媽

睡前的環境準備：爸媽可運用空調，讓房間的溫度和溼度維持在最舒適的體感溫度，並教導孩子半夜醒來發現自己沒蓋被子時要怎麼蓋被子；或者半夜醒來覺得冷要懂得自己加被子。可在孩子睡覺的位子旁邊放一條小被子備用；有些孩子可能仍需要穿著防踢被入睡。

夜間如廁的訓練：許多孩子在白天順利戒除尿布，可以自行如廁後，往往還需要更長時間練習夜間戒除尿布與夜間如廁。夜間如廁除了膀胱要有穩定的控制力，睡前減少飲水量、夜間喚醒如廁的安排也很重要。（見一八一頁）

此外，孩子夜間起床尿尿時可能仍有些昏昏欲睡，前往洗手間的動線要安排適當照明，並將洗手間的門打開，讓孩子知道裡面是空的，可以使用。在洗手間門口貼上顯著顏色的圖案標誌可以協助孩子很快找到洗手間。同時避免太複雜的睡衣，以免增加孩子自行穿脫的困難。

一旦爸媽陪同孩子如廁過幾次之後，應逐漸減少協助孩子，或者你們雖仍同房，但孩子已經可以獨立如廁，孩子就會學習到自己可以做到這件事。

雙方心態的準備

小孩能夠獨處：當孩子白天可以與爸媽分開一段時間，且在獨處時感到安全。比如說，孩子白天去上幼稚園且大多時候情緒平穩安定。晚上在家裡，當爸媽還在處理家務，孩子可以自己在客廳玩耍，或者是準備入睡前有一段時間，獨自在房內遊戲與等待。

爸媽心態的調整：當孩子已能在獨處時覺得安全、不過度害怕黑暗或鬼怪、可以自行如廁、已建立穩定的睡前儀式，爸媽也應該隨之調整心態，自我提醒應更放心讓孩子練習獨睡。

另一方面，孩子剛開始練習獨睡時，或許會表達還是希望可以一起睡，或是拉著爸媽捨不得讓你們離開房間。此時爸媽的表達方式很重要，可以坐在床邊陪孩子進行睡前儀式，安撫孩子直到入睡；或是陪伴孩子一會兒，接著讓他們知道可以自己試試獨睡，而且讓小孩清楚知道你們就在附近，像是在書房或是客廳。爸媽也要練習減少來來回回反覆確認孩子是否入睡，本著你們對孩子的信任，孩子將更能相信自己做得到。

睡眠vs心理發展

聽懂心裡話，睡前煩惱降

心理—感受可控期

臨床上，我們常和許多爸媽討論育兒之道，有一次，有位媽媽正為了前晚親子大吵一架而苦惱。到了晚上的卡通時間，由於孩子該做的事都沒完成，媽媽不允許孩子看卡通，爭執一起，雙方都不讓步，孩子長時間哭鬧不休，睡眠儀式無法完全執行，延宕了睡眠與起床時間不說，這場仗直打到隔天早餐都沒結束。

這個例子看起來好像是孩子和家長約定好的事沒做到，之後又無法管理情緒才產生的結果，其實不然。一般幼稚園下課大約是下午四點，雙薪家庭的爸媽則必須等到五點半或六點才能接孩子。在此期間，孩子可能和友伴玩耍或上各種才藝課程，回到家的時間極可能已是晚上八、九點。

如果以下午六點為例，到晚上九點睡覺之前，學齡前兒童需要完成的事有：自己脫放衣物、拿出餐盒給家長洗、洗手準備吃飯、吃飯、洗澡、寫作業、玩遊戲或看電視、收玩具、拿出聯絡簿／把聯絡簿放回書包、刷牙、聽故事或睡前聊天、準備睡覺……一一羅列後，相信連爸媽都會覺得「這麼多啊，孩子真的記得住？做得完嗎？」

由此可見，隨著年齡的增長，學齡前兒童需要處理的事務變得繁雜，很可能壓縮到睡眠時間，睡前顯得太亢奮，除了行程被壓縮，繁雜事情一多，一定會覺得現在的生活不像以前沒上學時那樣輕鬆，心裡一定滿滿的不解及不滿。換言之，小孩若該做的事沒完成，不見得是他們不願去完成，請先試著聽聽小孩的心裡話，或許他們需要一些大人的協助。

也想提醒爸媽們，回到工作領域後開始忙碌且有壓力，對小孩的容忍度也可能隨之下降。如果感覺到這樣，請記得二一一頁分享的，找時間好好自我疼惜一番。

我們針對這種情況整理出以下三點並說明具體處理策略，以協助孩子做得快也做得好，還能促進睡眠品質。

■了解孩子注意力發展之特性

一言以蔽之，孩子可以完成這些事，只要他們有良好的注意力運作能力。包括了**注意力警覺**，也就是隨時偵測到訊息，比如孩子一回家聽到你說「趕快拿餐盒出來」，他可以在放書包的同時聽到你的提醒；**注意力轉移**，也就是注意力可以在兩個需要被注意的事物間轉移，例如孩子把餐盒拿出來之後，繼續把書包從客廳拿回房間；**注意力的衝突排解**，也就是決定需要關注的事物並排除環境中的干擾，好比孩子知道玩玩具之前要先做作業。

這些注意力面向和大腦的發展成熟度有關，在《心理學家爸爸親身實證的注意力教養法》書中有簡易明瞭的說明與提升注意力的策略，此處不細談。我們更想強調的是，學齡前兒童要能在回家後完成許多事務，以及睡前儀式，然後入睡，需要仰賴良好的注意力運作能力，但這個要求對於四～六歲的學齡前兒童而言太嚴苛了，他們的大腦尚未完全發展成熟，面對一連串事務，若沒有提供任何協助，孩子是「做不到」，而不是「不願做」。

■協助安排優先順序與設計各種提示

了解注意力發展的特性後，我們可以幫助學齡前兒童把每天回家後需要完成的事情，依照順序用簡單的圖示畫下來，接著在每個圖示旁邊標上數字，貼在家裡最容易看到的地方。每天回家以後，先帶孩子看一遍，做為自我提醒。由於孩子的時間感還不穩定，不像大人會頻頻注意時間，可以幫孩子設定倒數計時器。我試過帶著大班的孩子一起認識時鐘，發現孩子雖然知道時間正在前進，卻無法警覺時間還剩下多少。當我運用了倒數計時器，孩子便能透過清楚的視覺提示安排時間。有趣的是，孩子在過程之中有更多參與，比如提示圖是自己畫的、倒數計時器是自己挑的，就更有意願完成任務。

■完成事務的同時，兼顧聊天與情緒需求

四～六歲學齡前兒童喜歡說學校發生的事，也喜歡說故事，如果全部等到睡前儀式才做，很可能延遲入睡時間。若能協助孩子在同一個時段完成兩項任務，就有機會縮短睡前儀式，避免睡前太過亢奮。建議爸媽善用吃飯、洗澡、玩玩具時，一邊與孩子聊天。透過主動好奇的態度，鼓勵孩子多多說明，並同步觀察孩子在述說時是否伴隨著表情或肢體動作的變化，適時善用語言或非語言訊息（如擁抱、表情）表達你對孩子的理解。

由於學齡前兒童已能流暢表達，若孩子有些負向感受，我們「不」這麼做——

「不」急著判斷事件的對錯：像是「沒帶水壺就是你不對啊，怎麼可以拿同學的水壺喝水呢，難怪會被處罰」，孩子會很傷心。

「不」否認孩子的感受：像是「沒帶書包有什麼好緊張的，上次某某不是也沒帶，他也沒怎樣呀」，孩子會不知所措。

為了承接學齡前兒童的負向感受，我們可以試著這麼做——

展露「感受沒有對錯」的態度：就像我們吃喜歡吃的東西、玩喜歡玩的玩具會有「高興」的感覺，如果今天同學不跟我玩，或是玩具不借我，我會有「難過」的感覺；如果今天被老師誤會了，我會有「生氣」的感覺。告訴孩子我們會高興，會難過，也會生氣。

讓孩子體會「感受會改變」：透過孩子喜歡的活動或遊戲（動態性互動遊戲更好），讓孩子擁有「感受會改變」的體驗。比如雖然在學校時覺得很緊張，但洗澡玩水又覺得好開心。如果孩子的情緒很強烈，可以先幫助孩子「命名情緒」（爸媽協助說出：沒帶水壺好緊張喔），或是協助孩子「表達情緒」（爸媽詢問：沒帶水壺有什麼感覺呢？）。然後，再藉由下一個活動改變感受及情緒，讓孩子擁有「感受會改變」的體驗。

如果孩子拖延了晚上需要完成事務的時間，導致玩玩具的時間減少，出現情緒性反應，可透過「提問」引導孩子關注他的身體感覺（如：臉熱熱的、拳頭握緊）、關注他的情緒感受（如：好生氣）、關注他的念頭（如：不能繼續玩了）。在這樣的過程中，孩子的情緒會過去。或是善用一些有趣的小活動，比如把玩具船放在平躺孩子的肚子上，協助孩子練習緩慢深長的呼吸。

常見睡眠狀況與問題

尿布不溼溼，好睡眠不失去

尿床指的是在不適當的時間（晚上睡覺時）、不合適的地點（在床上）或不正確的準備狀態（還穿著衣物或沒包尿布）之下所發生的正常排尿情況。尿床有別於一般的尿失禁，尿床是一個完整的排尿過程，只不過小孩在過程中並未意識到他有排尿的感覺，或是在排尿後沒有感覺曾經排尿。

在醫學上，尿床是夜間遺尿症（Enuresis）的簡稱，《精神疾病診斷與統計第五版》的定義是：當孩子年滿五歲，連續三個月每星期兩次尿床或尿褲子，非自主或故意地反覆此一行為，並已造成顯著困擾，即有夜間遺尿症的可能。

尿床的盛行率在五歲兒童為五～十％，十歲為三～五％，十五歲以上大概是一％。如果是小於五歲的孩童偶爾出現尿床，往往是孩童的中樞神經還在成熟所導致，臨床上會持續觀望，不一定會積極處理。

尿床可區分成原發性遺尿症與次發性遺尿症兩種。原發性遺尿症是孩子從未有過持續的乾尿布長達六個月以上；次發性遺尿症是孩子已持續乾尿布六個月，但因為某些因素又開始每星期至少尿床兩次。

不論是原發性尿床或次發性尿床，兩者都必須持續至少三個月以上才達到診斷。通常來說，尿床可能發生在睡眠任一階段，但多數發生在上半夜。

尿床多導因於生理或遺傳因素，如果五歲後（一般是六～七歲以上）還有明顯的尿床，並持續超過一段時間，建議找醫療專業人員評估與協助，如小兒科和泌尿科。

為什麼會尿床？

尿床的常見原因可分成生理性與心理性。

尿床的臨床表徵

尿床是一個完整的排尿過程，只是小孩並未意識到他有排尿的感覺，或是在排尿後沒有感覺有排尿的經過。

Time 不適當的時間（晚上睡覺時）

Place 不合適的地點（床上或穿著衣物）

Status 不正確的狀態（還穿著衣物或是沒包尿布）

首先說明生理性的，包括了睡眠階段、遺傳基因與生理疾病。

■睡眠階段

◎容易發生在淺睡時

睡眠處於較淺的階段時，膀胱一旦漲滿了尿，便會開始收縮、排尿，產生夜尿症。但膀胱為什麼漲滿呢？可能原因大多和尿量增加有關：

——睡前喝太多水、飲料或流體食物，使得膀胱過度漲尿。

——抗利尿激素不足，無法在夜間減少尿液的製造，使得夜間尿量太多，造成膀胱過漲。

——某些食物或藥物的攝取會造成尿量

尿床的醫學定義

非自主或故意地反覆出現尿床，並已造成顯著的困擾。

- ✓ 年滿**5**歲以上
- ✓ 連續**3**個月
- ✓ 每星期**2**次尿床或尿褲子

增加，比如含咖啡因的飲食，或含有利尿作用的藥物。

◎容易發生在深睡時

一般來說，深睡時的膀胱壓力應該會持續穩定，膀胱如果滿了就會受刺激而醒來。什麼情況下會在深睡夜尿呢？

——睡太深，導致小孩不會因為膀胱太飽和而被喚醒。常發生在白天玩太累的小孩身上。

——大腦覺醒中樞異常。一般人夜晚膀胱漲尿時，通常會刺激大腦讓人產生尿意，因而起床尿尿，若大腦感覺不到尿意，脊髓反射中樞就會自行決定排尿。

尿床的常見原因

尿床行為可能發生在睡眠的任何階段，但多數會發生在睡眠的前半夜。有分生理及心理因素。

生理因素

・睡眠階段
・基因遺傳

心理因素

・壓力焦慮

◎發生在不特定睡眠階段

如果小孩剛睡不久便開始尿床，而且在睡眠過程中不只一次尿床，每次尿量也不多，就要考慮問題不見得在於睡眠深淺，可能原因多半與膀胱有關。有哪些膀胱問題呢？

——膀胱過動症。如果膀胱較敏感或不自主收縮，很容易出現立即排尿的需求，常見行為反應包括尿急、頻尿、夜尿或尿失禁。

——膀胱容量縮小。尿床和孩子先天能容納的尿量有關。隨著年紀增長，膀胱容量會增加，通常五歲孩子的膀胱可容納約一百七十公克的尿量，十歲孩子則可容納三百一十一公克的尿量。膀胱炎、便祕會縮小膀胱容量，也是造成孩子尿床的原因。

■遺傳基因

丹麥奧胡斯大學（Aarhus University）醫院的瑞提格（Soren Rittig）醫生二〇一八年的研究指出，特定的基因組合讓孩子尿床的可能性增加四十％。

研究發現，如果雙親都曾有尿床的診斷紀錄，孩子尿床的發生率高達七十四％；如果雙親僅其中一方有過尿床的診斷，孩子尿床的發生率下降到四十四％；如果雙親都沒有類似歷史，孩子尿床的發生率更低，約僅十五％。研究也發現，如果母親尿床，子女尿床的風險是一般人的三．六倍；若是父親尿床，子女尿床的風險則比一般人高十．一倍。

■生理疾病

有些生理疾病也會造成尿床，如發展遲緩、泌尿生殖系統相關疾病、糖尿病，或是夜間癲癇的神經系統疾病。如果孩子有其他睡眠障礙，也可能導致尿床機會增高，比如睡眠呼吸中止症、周期性肢體抽動症等。

■心理因素

有些孩子明明已經一段時間不再尿床，卻又故態復萌，如次發性遺尿症，此時必須考量心理壓力這個要素。

心理壓力的來源可能是學業壓力、人際相處、遭遇霸凌、遇到突發的意外事件被迫與父母分離、受虐或被性侵等，皆可能使孩子出現退化行為，如尿床、自我照顧能力變差，也會出現焦慮的身心反應，諸如睡眠困擾、做惡夢、高分離焦慮、恐懼行為反應、檢查不出原因的生理不適等。

照顧者若警覺到孩子出現這類行為與身心反應，建議前往兒童心智科就診，安排進一步的心理相關評估與處理。

尿床的影響

尿床是個常見且需要耐心處理的課題。孩子尿床時，通常沒有意識到自己正在尿床，等到感覺溼溼熱熱、不舒服，才發現已經尿床了。孩子一方面可能會認為無法控制自己的身體與行為，一方面學齡後的孩子更是對於尿床難以啟齒，伴隨而來的自責、羞愧、無能為力感將更沉重。家長則可能因為白日工作或照顧的疲憊，一旦夜間需要處理孩子的尿床，耐心亦隨之消磨。

值得關注的是，除了尿床與處理尿床時孩子可能經歷的各種情緒困擾，孩子也常常因為擔心尿床而難以入睡或淺眠。

尿床的處理方法與技巧

為了幫助孩子解決尿床困擾，同時兼顧孩子的情緒與睡眠品質，爸媽可以這樣做：

■白天

◎不要憋尿

提醒小孩盡量避免憋尿憋到尿急，尤其不要玩得太開心而捨不得上廁所，每二～三小時或有尿意就可以去尿尿，對膀胱健康好，也改善晚上尿床的現象。

◎水量控制

鼓勵孩子白天補充一天所需水量，但注意晚餐後至睡前兩小時盡量不喝水，如果口渴想喝水，原則是少量多次地喝。

■睡覺前

◎用餐選擇

晚餐不吃太鹹的食物，過多的鹽分會使喉嚨乾燥，讓孩子更想喝水。

◎睡前提醒

上床前先去尿尿，將膀胱排空。由於孩子年紀較小，很容易忘記，可將這件「睡前需完成的事」納入睡前儀式之中，並將所有儀式畫在紙上。比如唸故事書、刷牙、上廁所，一件件都畫好，再貼在孩子容易看到的地方，每完成一件事就去確認下一件事情是什麼，藉此讓睡前如廁變成一個規律的習慣。

■睡覺中

◎半夜喚醒與否？

針對半夜是否叫醒孩子起床尿尿，目前仍未獲得一致的見解，因為熟睡時會分泌的抗利尿激素有助於減少夜間的尿液製造，喚醒孩子會打亂其睡眠規律，使得抗利尿激素無法正常分泌，更容易尿床。因此有一說建議，若半夜叫孩子起床尿尿，以一次為限。

◎包或不包尿布？

半夜叫醒孩子尿尿，除了可能打亂孩子的睡眠規律，爸媽則因為需要喚醒孩子而難以兼顧自己的睡眠品質。可嘗試讓孩子理解，尿床雖然困擾，但多數尿床都可以治癒；如果孩子想穿尿布睡覺也可以，不但有助於減輕尿床的壓力，孩子也更容易配合治療。

■睡覺後

◎少責罵

如果孩子真的尿床了，試著讓孩子知道這不是他的錯，治療尿床的過程雖然辛苦，但家人願意陪伴他一起努力。

◎多鼓勵

白天時，孩子努力配合避免尿床的各種行為嘗試都值得給予鼓勵。這些行為嘗試包括：白天多喝水、定時上廁所、不憋尿、睡前兩小時不喝水、上床前先去尿尿。可透過口頭獎勵孩子努力的行為，像是「哇，你今天睡覺前記得先上廁所，好棒」，並搭配一些集點酬賞制度，像是為每個行為訂定可以獲得的點數，累積一定額度的點數後，再交

尿床了怎麼辦？

除了幫孩子解決尿床困擾，
同時要顧及情緒與睡眠品質！

白日時
- 不要憋尿
- 水量控制

睡覺前
- 用餐選擇
- 睡前提醒

睡覺中
- 半夜喚醒與否？
- 包或不包尿布？

睡醒後
- 少責罵
- 多鼓勵

換孩子想要的獎勵，如小文具、小玩具。

在夜間，當孩子早上起床沒有尿床，或做出努力控制尿床的行為，好比剛尿下去一點點就發現了，趕快清醒叫爸媽或衝去廁所，都相當值得給予鼓勵。這時的口頭獎勵像是「雖然來不及，可是你很快就發現了，趕快去廁所，這也是挑戰成功喔」，並搭配一些親子互動時間做為獎勵，像是「我們今天不用洗被子耶，那這個時間我們來玩遊戲吧」。

要是已經排除了生理因素或已採取上述步驟，孩子仍反覆尿床，應該進一步了解孩子在學校或日常生活中是否面臨學習壓力或人際壓力，需要家長、師長或家人的協助，或是前往兒童心智科就診，尋求專業人員的協助。

關於「多鼓勵」……

在協助孩子睡眠的過程中，包括孩子很配合睡前儀式、在預期的時間起床……能使用的鼓勵策略可分為以下四種：

	喜歡物	討厭物
給予	獎勵	懲罰
拿走	付出代價	紓解

怎麼執行呢？

舉例來說，如果晚上九點半要上床睡覺，而孩子九點前已完成約定的例行活動與睡前儀式（如寫作業、收餐具、刷牙），九點到九點半可以玩玩具，這就是「獎勵」。如果沒有在九點前完成約定的例行活動與睡前儀式，取消玩玩具的時間，這就是「付出代價」。

再舉一個例子，如果早上七點要起床，孩子賴床而超過約定的起床時間，早餐必須全部吃完（可能內含健康但小孩不喜歡吃的食物），這就是「懲罰」。如果孩子在七點前起床，早餐可以只吃喜歡吃的食物，不喜歡吃的食物再請大人幫忙，這就是「紓解」。

然而，這裡要特別提醒「懲罰」與「紓解」可能遇到的後遺症。以上述例子來看，如果用健康但小孩不喜歡吃的食物來操作，就算「懲罰」或「紓解」發揮了效果，但小孩永遠不會喜歡吃這些食物了，因此並不建議使用「懲罰」或「紓解」的策略。

在執行的效果上，「付出代價」雖然可以快速見效，但「獎勵」的效果通常持續較久。常見的「獎勵」包括物質性（如食物、玩具）、自主選擇權（如想看的電視節目）、活動性（如一起讀繪本）、社會性（如注視、微笑、點頭、讚賞、拍手）、代幣性（如記點、集貼紙，可在之後交換物質性、活動性獎勵）。

其中，執行代幣性獎勵會讓孩子經歷延宕滿足的過程，需要孩子能夠控制衝動並具備交換的概念。由於每個孩子的發展速度不一致，建議爸媽避免要求太高、獎勵給太多、時間拖太久，這些都會造成「雖然在執行獎勵，卻看不到效果」的情形。

仔細觀察孩子的狀況，並彈性運用獎勵的策略，才能發揮效果！

好眠祕笈 兒童賴床不是罪，對症下藥才能神清氣爽

賴床是許多人共同擁有的經驗。鬧鐘響起宛如轟天巨響，宣告一天的忙碌即將開始，同時宣告美好的睡眠暫時告一段落。身為成人，即使一邊和棉被難分難捨，同時還是會留意時間，再怎樣都會確保自己出門前有足夠的準備時間。這是大人和小孩不一樣之處！許多爸媽都有「小孩怎麼這麼難叫醒」的感覺，就算鬧鐘響了、燈打開了、輕拍小孩，誇張一點甚至抱起小孩、搖晃或拖拉了（貼心提醒：一定要避免過大且可能拉扯到脊椎的動作），他們都無動於衷。

小孩為什麼容易賴床又很難叫醒呢？我們整理了以下四種常見的可能原因與因應之道：

生理時鐘傾向

四～六歲階段的內在生理時鐘其實長於二十四小時，不同研究結果測出的數據不完全

相同，但約莫落在二十四個小時又十分鐘。什麼意思呢？意指學齡前兒童如果在不受限制的情況下——比如不管外在時間的二十四個小時——每天都會比前一天容易「晚一點睡」並「晚一點起床」，才符合內在生理時鐘偏晚的特性。

如此一來，自然會出現以下兩種睡眠樣貌。

第一種，在正常的體能消耗下，晚上該睡的時間到了，不見得很快就會入睡，習慣「晚一點睡」，很容易拖拖拉拉。不易入睡可以運用一些方法來協助，請回頭參考二～四歲階段〈不想去睡覺……〉一節（見一九七頁）。

第二種，在正常睡眠長度之下，早上會習慣性「晚一點起床」，導致學齡前兒童很難在早上固定時間醒來去上課。怎麼辦呢？

■方法一、陽光喚醒法

在應該起床的時間之前大約十五～三十分鐘，打開小孩睡覺環境的窗簾，並建議叫一下小孩，讓他們的眼睛可以張開，光線有機會進入視網膜，啟動一系列連鎖反應。光線會從視網膜進入視叉上核（Suprachiasmatic Nucleus），再進入松果體（如左圖），影響大腦中睡眠運作的機制，並讓「睡眠荷爾蒙」褪黑激素的分泌量下降，使人的睡意變弱，隨之啟動清醒機制，不容易再入睡，相對容易喚醒。

■方法二、溫度喚醒法

從生理時鐘的角度來看，核心體溫和褪黑激素有相似之處，褪黑激素是在睡眠過程中逐漸增加，並在半夜達到最高點，早上再下降；核心體溫則是在睡眠過程中逐漸下滑，半夜來到最低點，早上再上升（如下頁圖）。就核心體溫的概念而言，適度的低溫和穩定睡眠是連動的，換句話說，溫度慢慢上升代表要醒來了。

藉由這個概念，在小孩應該醒來的時間之前約十分鐘左右讓溫度上升，比如關掉風扇、冷氣，甚至是多蓋一條被子，創造適度

光線刺激如何影響褪黑激素的分泌

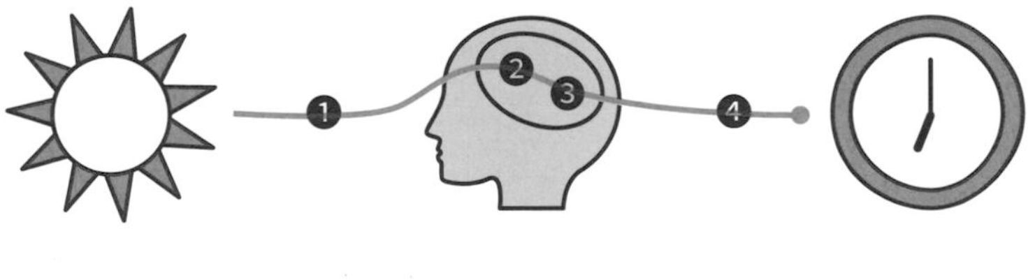

❶光線從外進入視網膜　❷神經訊號傳至腦中的視叉上核

❸通知松果體（**天亮了**）**抑制**「睡眠荷爾蒙」褪黑激素

❹褪黑激素下降：**結束睡眠**、開始**清醒**

的溫度上升，他們會因為感到溫度上升而比較容易醒來。

時間觀念剛建立

四～六歲的學齡前兒童和大人最大的不同之一就是時間觀念，他們剛接觸學校這類群體生活，剛開始知道什麼是時間，為什麼要準時，或是不準時會怎麼樣，也開始學習與理解賴床可能和這些不準時有關。在這個還是以享樂的自我為主的階段，當然是能睡就多睡一點！怎麼辦呢？

■方法一、建立準時的概念

建議開始養成小孩的時間觀與要準時的

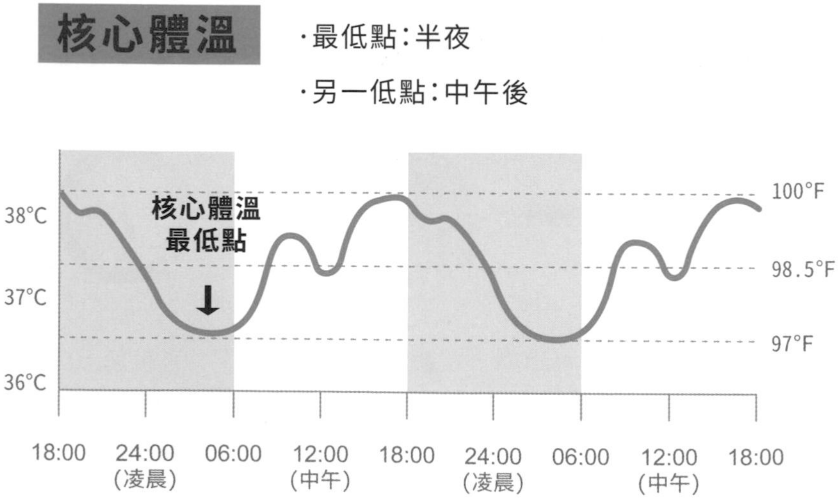

概念，但不建議直接挑戰「早上準時起床」這項任務，因為早上剛從睡眠醒來，精神可能略為恍惚，更何況有些小孩有起床氣，想教育小孩要準時，很可能難如登天！

比較建議從平時的活動開始養成小孩的時間觀與要準時的概念，比如和家人、朋友約會時，或平時玩遊戲角色扮演時，甚至可以嘗試讓小孩扮演因他人遲到而等候的情況，讓小孩感受不準時的結果外，也可以同理他人的感覺，進而對準時一事更有責任感。

■方法二、彈性運用獎勵策略

建議用獎勵來協助小孩建立時間觀念，同時改善早上起不來的情況。舉例來說，因為小孩準時起床而「給予」，像是物質性（如玩具）、自主選擇權（如想看的卡通）、活動性（如一起讀繪本）、社會性（如讚賞、拍手）、代幣性（如集貼紙）。還記得嗎？「獎勵」的效果通常持續較久，比「付出代價」更理想，也比「懲罰」與「紓解」更好（更多關於獎勵的說明，可參考二四七～二四八頁）。

不想上學

剛上學的學齡前兒童或許不太習慣一些學校常見的活動，比如晨操、大肌肉動作時間、團體討論、分組活動……上學的作息可能和家中原本的作息有很大的差異。此外，學校大多限制只能在固定的時段玩玩具，玩具類型又和家裡原本喜歡玩的不太一樣，還要和很多人分著玩！原本在家都是自己玩玩具，現在要和這麼多人分享，玩玩具的時間感覺非常不夠！有些小孩是因為不擅長快速與同學建立關係，心裡可能好想好想和同學一起玩，卻不知道怎麼靠近他們，結果常常一個人而覺得孤單。總之，上述林林總總原因與感受都會讓小孩不想上學，自然就不想起床。

怎麼辦呢？

如果小孩是因為不想上學而不想起床，最直接的方式當然是讓小孩建立上學的喜好，一旦習慣了學校的環境，甚至會開始喜歡上學！當然，喜歡上學的小孩不等於就會乖乖早起，他們還是可能因為其他原因而不想起床。即便如此，試著建立上學的樂趣永遠是讓小孩願意試著早上醒來的重點之一。

建立上學樂趣的方式很多，其中一個重要原則是「多說、多聽、多參與」。首先，請小孩多多說出上學時的每個片段；再來，爸媽多花時間專心傾聽小孩上學的故事，給予肯定，肯定他們做了什麼嘗試，學習到什麼不一樣的事物；最後，在時間允許下多多參與小孩學校的活動。除了需要出席的學校親子活動，平日在家也可以重溫校內活動，像是重現學校正在教的活動、玩的遊戲，只不過參與者從老師和同學變成了家人。

睡眠不足

學齡前兒童上幼稚園之後，許多爸媽在孩子的「學習」與「獨立性」下足了功夫，不只安排豐富的才藝課程，還陪伴小孩一點一滴進行生活自理，小孩晚餐後到睡前需要完成的事務因此增加許多。放學回家到睡覺前，包括：自己脫放衣物、拿出餐盒給家長洗、洗手準備吃飯、吃飯、洗澡、寫作業、玩遊戲或看電視、收玩具、拿出聯絡簿／把聯絡簿放回書包、刷牙、聽故事或睡前聊天、準備睡覺……這些上幼稚園之後增加的事務很可能會縮短睡眠時間，或讓小孩到睡前都顯得過於亢奮，進而影響睡眠品質及時數，早上可能因此起不來。

怎麼辦呢？

■避免過於靜態活動，可以多動動

上述這些因為上了幼稚園而增加的種種事務有一個最大共同點，就是幾乎都偏向靜態，爸媽可以比較一下小孩上學前後，動態活動的安排是否大量減少？要是發現小孩上學之後，晚上變得比較難入睡，很可能就是白天的體能消耗不夠，因此睡眠驅力到晚上仍累積不足。好不容易睡著之後，又因為早上要早醒而睡眠不足。建議即使上了幼稚園，還是可以在傍晚安排一些動態活動，除了消耗體能，也是相當不錯的親子時間。

■放學後讓小孩多分享，才不會在該睡覺時一直嗨

建議在放學後、傍晚的動態活動時間，邀請小孩多多分享上學點滴，除了藉此建立小孩的上學樂趣，可以讓小孩提早一點開始分享。很多家長會善用接小孩下課的路途，讓這段路成為最佳親子分享時段。如果是走路就到的距離，不妨繞一下路，走個半小時，除了可讓小孩分享上學生活，爸媽也可以試著與小孩分享你的一天！這樣的時間安排避免小孩在睡前才突然想到某件學校趣事，滔滔不絕聊得太嗨，甚至影響入睡。記得喲，保持足夠且規律的睡眠，才是解決賴床的根本之道。

親子共讀筆記

繪本主題趣味多，問題解決多更多

四～六歲學齡前兒童已經是就讀幼稚園的年紀，會透過書本學習許多事物，透過書本認識這個世界。藉由閱讀，他們除了習得更豐富的詞彙語句，更能發掘這些詞彙語句的應用方式，也會發現有些書中主角的經驗與自己雷同，原來不只是自己有這些煩惱，書中奇幻有趣的世界更將拓展他們的想像力。

此階段的親子共讀將更加結合學齡前兒童的日常生活經驗。他們在學校與生活中將逐步面對許多過去未曾接觸的狀況，像是如何邀請同學一起玩、如何與同學合作、被拒絕了怎麼辦、玩具被搶了怎麼辦、被老師說總是動來動去或拖拖拉拉怎麼辦、要在學校睡午覺與上廁所可是好不習慣、會想爸媽好想回家、要在學校打預防針或牙齒塗氟好緊張……

一一列出這些狀況時，爸媽一定要想著「該如何與孩子談」，除了用談的，更可以運用繪本，一旦孩子發現書中主角的經歷與自己相似，更容易產生認同感，也會更主動學習主角的策略，比起爸媽在一旁不停地擔心與提醒，很可能更有效果！

閱讀指引

學齡前兒童有時候喜歡講故事，此時你可以扮演一個好聽眾。有時候他們喜歡依據故事情節玩扮家家酒，此時你可以扮演一個好演員。有時候他們會自己挑選一本喜愛的書，並邀請你也拿一本書，坐在同一個空間裡各自閱讀，此時你可以扮演一個好的陪伴者。

互動策略

■肢體動作

在四～六歲這個階段，從故事中延伸出來的假扮遊戲，內容完整度已更加提升。以生病看醫生的故事為例，孩子可能會拿出醫療玩具組，邀請你扮演醫生或病人，此時你的聲音、表情、動作都得像一個真正的病人。貼近真實情境的扮演，有助於孩子演練如何應對日常生活中的狀況。

語言回應

孩子喜歡在翻頁之前預測接下來將發生什麼事。爸媽可以表現出好奇，做出期待孩子繼續講下去的反應。與此同時，可以詢問孩子關於「情緒」或「問題解決」的問題，情緒類如「巫婆看起來好生氣喔，她為什麼生氣呀？你也會生氣嗎？你什麼時候會生氣呢？」；問題解決類如「他們都推來推去不輪流，最後大家都玩不到盪鞦韆了，怎麼辦呢？」

睡前共讀這樣做

為了安撫入睡，爸媽可以挑選與「睡覺」相關、內容能協助孩子主動開啟睡眠預備的繪本。此類書籍常以孩子喜愛的動物、玩具為主角。互動方式則可和睡覺更相關，比如為了哄書中主角睡覺，孩子需要將房間的燈光調暗、運用輕聲細語的音調、講述安撫的語言，此時可以讓孩子拿著自己喜愛的娃娃來練習，幫助孩子直接帶著娃娃一起入睡。

有些繪本常常將孩子睡覺前要做的事項如收玩具、刷牙納入情節之中，幫助孩子理解睡前準備事項，或是把孩子害怕的意象如黑暗、怪物納入故事裡。透過孩子想自己講故事的過程，讓孩子學習建立自己的睡前儀式，並在共讀的過程中克服恐懼。

給爸媽的悄悄話

使用3C不心慌，管理3C有方法

手機、平板電腦、電視與電腦……使用3C已是現代人很難脫離的生活習慣，但爸媽們一定聽說了不少要限制小孩使用3C的相關報導與資訊，因為會帶來包含生理、心理等各層面的影響。接下來將為大家整理參考國內外兒科醫學會的資料與我們臨床經驗後的建議。

3C與睡眠

談3C與睡眠之前，要先了解睡眠、褪黑激素與光線三者之間的關係。根據睡眠研究指出，人們的「內在生理時鐘」大約以二十四個小時又十分鐘不等為一個周期，與外在環境的一天二十四個小時為一個周期並不同步，意味著若將兩個時鐘並排，「內在生理時鐘」的睡覺與清醒周期會規律且持續地向後延遲，因此多數人都有「晚睡晚起比早睡早起容易」的生活經驗。

雖然如此，人體仍可透過外在環境線索的協助，將節律固定在二十四小時週期。這些線索包含：代表晝夜節律的太陽光線、環境溫度、社交活動、日常作息、運動、進食及喝水等，其中以太陽光線的影響最大。太陽光線經由眼睛的瞳孔，再到眼睛後方的視網膜，再傳送光線訊息到大腦的視叉上核，再經由神經傳至松果體（負責分泌褪黑激素），並啟動大腦後續連鎖反應，像是透過光線提醒大腦及個體：「已經天亮囉，該起來囉！」接下來就會抑制體內褪黑激素的分泌，結束睡眠，啟動一天的開始。

簡單來說，我們的眼睛一接觸到太陽

生理時鐘的特性

大於24小時

生理時鐘一天大於24小時，
研究指出平均約24小時又10分鐘。

向後移動

傾向向後移動，因此晚睡很容易，
早睡卻比較難。

環境影響

生理時鐘受環境線索影響，
例如：光線、溫度。

光，就會抑制體內的褪黑激素而不想睡。大家一定想問，雖然太陽光與褪黑激素有這種連動關係，但是3C產品的螢幕光線又不是太陽光，為什麼會影響睡眠？

原因出在3C產品的螢幕光線富含藍光，而我們的視網膜對於藍光（波長介於四四〇～四七〇nm）十分敏感，藍光抑制褪黑激素的邏輯和太陽光完全一樣。藍光進入視網膜後，會被轉換成神經訊號傳至腦中的視叉上核，松果體進而被錯誤通知「天還沒暗」的訊息，因此抑制了褪黑激素的分泌，促使人們處於清醒狀態。

有學者指出，LED螢幕所含的藍光是一般螢幕的三倍之多。這是有些人整晚使用手機、平板電腦和電腦後，上床睡不

3C產品螢幕光線刺激如何抑制褪黑激素的分泌

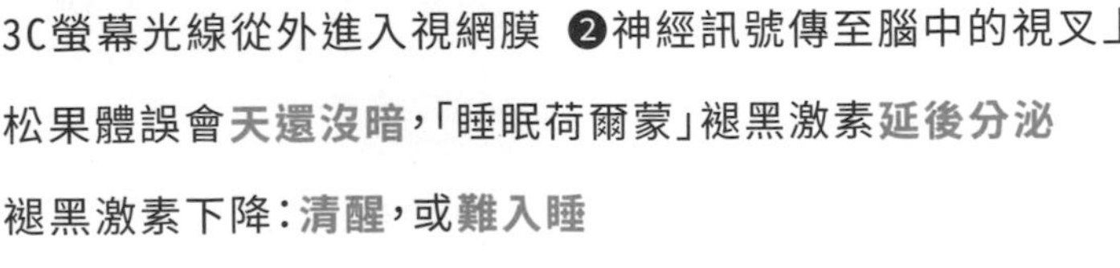

❶3C螢幕光線從外進入視網膜 ❷神經訊號傳至腦中的視叉上核

❸松果體誤會**天還沒暗**，「睡眠荷爾蒙」褪黑激素**延後分泌**

❹褪黑激素下降：**清醒**，或**難入睡**

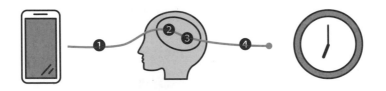

著的其中一個原因。

還有研究發現，讓參與者在晚上十一點到凌晨一點之間，持續兩小時使用平板電腦 iPad 閱讀、玩遊戲或看電影，參與者的褪黑激素明顯抑制了約二十％。

這說明了兒童與青少年族群睡前持續使用3C產品，隔天為什麼會起不來，或是醒來後仍覺得疲倦的原因。除了睡眠不足，當他們被迫醒來時，褪黑激素仍然因為生理時鐘延後而持續分泌著，導致起床時倍感疲累。

3C與心理

許多爸媽的育兒路上，「3C褓母」

3C產品螢幕光線延後褪黑激素的分泌

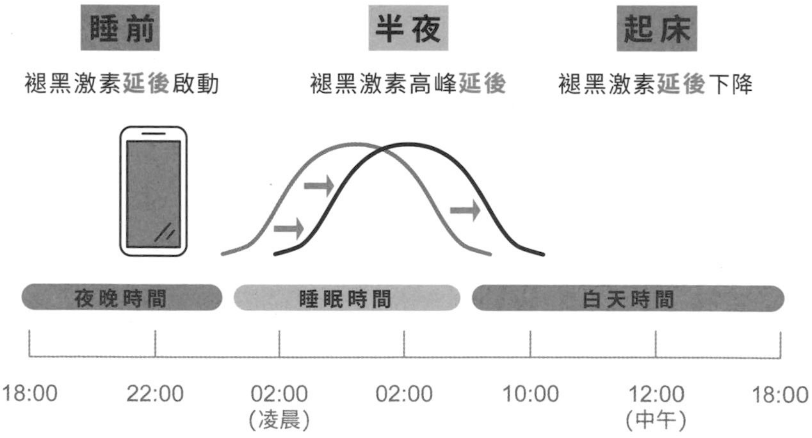

一詞再熟悉不過，尤其是雙薪家庭。爸媽匆匆忙忙接到孩子時大約是傍晚，光忙完孩子的吃飯、洗澡等事務就已累癱，想陪孩子玩卻力不從心。再加上高樓林立，沒有足夠寬闊的空間可以陪孩子跑跑跳跳。手機、平板電腦、電視於是成為最方便的褓母，讓爸媽得以喘口氣，或是抓緊時間整理家務。另一方面，孩子使用3C產品時通常不再尋求爸媽的陪伴，讓全家人對於3C產品的依賴度變得更高。

有些報導指出，長期依賴3C產品的孩子不會直接與真人聊天或互動，進而干擾了語言與社會情緒的能力發展，並因經常坐著使用3C產品，導致運動量減少，肥胖問題增加。如上述所說電子螢幕發出的光線會影響褪黑激素的分泌，從而影響睡眠；另外，除了因褪黑激素而影響睡眠，3C產品的聲光刺激比較容易使人心情激動，難以入眠。

赫頓、達德利、霍洛維茨、德威特、荷蘭（Hutton、Dudley、Horowitz～Kraus、DeWitt、Holland）等人二〇一九年發表的研究試圖探討三～五歲孩子大腦白質健全度與使用螢幕之間的關聯性。結果顯示，螢幕使用程度高的孩子，大腦白質的指標比較不健全。由於是相關性研究，所以不確定是使用了螢幕而導致白質不健全，還是因為白質不健全而導致孩子比較想用螢幕。但不管如何，這篇研究仍提醒著我們，值得關注孩子的3C產品使用習慣。

此外，我們觀察到3C產品已成為時下最方便的安撫工具。孩子哭鬧不止時，爸媽難免感到煩躁與無可奈何，此時若塞給孩子一支手機，大家都能獲得片刻安寧，何樂而不為？

但是，孩子的情緒真的被安撫了嗎？其實孩子的情緒可能只是被轉移，這將錯失觀察與認識情緒、調節自我感受的機會。

3C適當接觸建議

美國兒科學會建議父母應優先考慮為嬰幼兒提供富有創造力、非電子式遊戲時間，我們根據美國兒科學會提供的最新建議，融合上述3C產品影響生理時鐘的相關研究，整理出「二～六歲3C產品使用守則」，同時提出兩項建議與兩項避免，希望能夠降低3C產品螢幕光線對於學齡前兒童的睡眠與心理影響。

■二～六歲3C產品使用守則

十八個月以下的嬰幼兒

有些爸媽因工作安排與家人分隔兩地，需要透過視訊與嬰幼兒維繫感情，或藉由視訊觀察嬰幼兒的成長並與照顧者形成教養共識，因此會需要使用視訊，但在視訊之外，應避免使用電子螢幕產品。

十八～二十四個月大的小小孩

如果需要接觸電子產品，由父母挑選適當、高品質的內容並陪同觀賞。如何挑選呢？國家通訊傳播委員會（NCC）二〇一八年舉辦「適齡兒少電視節目評選」，推薦了適合兒少觀賞的節目；目前電視上播映的幼幼臺節目同樣經過NCC審核。考量小小

2-6歲3C產品使用守則

18個月以下	18-24個月大	2-6歲
除了視訊， 應避免使用	十五分鐘就休息， 每天不超過三十分鐘	二十～三十分鐘就休息， 每天不超過一小時
	挑選：適當與高品質的內容 陪同：與小孩一同觀賞，避免小孩獨自挑選節目	
		理解：了解他們在看什麼 分享：互相討論彼此的觀點

孩的注意力長短，建議接觸電子產品每十五分鐘就要休息，且每天不超過三十分鐘。

二～六歲學齡前兒童

如果需要接觸電子產品，同樣由父母挑選適當、高品質的內容並陪同觀賞，幫助學齡前兒童了解他們在看什麼，彼此可以討論與分享想法，並嘗試應用在日常生活中。考量學齡前兒童注意力長短，建議接觸電子產品二十～三十分鐘就要休息，且每天不超過六十分鐘。

除了依據小孩的年紀與注意力安排合適的觀看內容與時間長短，針對3C產品對睡眠品質、人際關係、情緒管理的影響，我們還有以下兩項設計與兩項避免：

■兩項設計

設計無3C產品時間

比如全家共同用餐、參與社交活動、睡覺前不使用電子產品，除了可以建立良好的飲食習慣，也能增加家人之間面對面交流的機會。

設計無3C產品空間

孩子的臥室若沒有電子產品，對促進睡眠將大有助益；若必要使用，建議大家調暗螢幕亮度。美國國家睡眠基金會（National Sleep Foundation）甚至建議下載能夠自動暖化螢幕色彩的應用程式，避開藍光，增加曝露在黃光或紅光的環境。

■兩項避免

避免將3C電子產品當作安撫孩子情緒的手段

孩子哭鬧時若提供電子產品這個選擇，經常可以讓他們很快安靜下來。然而，也可能干擾了孩子學習情緒表達與管理的策略，使得他們的內在控制能力更加薄弱。

避免將每日使用3C產品的時間放在睡覺前

過往研究指出，連續使用藍光波長豐富的螢幕會抑制褪黑激素，加上3C產品的內容多數容易讓孩子過度開心、激動與亢奮，因此建議睡前不要使用3C產品做為睡前儀式。

參考文獻

- 《發展心理學理論：從過去到現在》，Patricia H. Miller 著，程景琳譯，二〇〇八年，學富文化。
- 《每個孩子都能好好睡覺》，安妮特・卡斯特尚（Annette Kast-Zahn）、哈特穆・摩根洛特（Hartmut Morgenroth）著，顏徽玲譯，二〇一五年，親子天下。
- 《給媽媽的貼心書：孩子、家庭和外面的世界》，唐諾・溫尼考特（D. W. Winnicott）著，朱恩伶譯，二〇一六年，心靈工坊。
- 《零歲起步：0～3歲兒童早期閱讀與指導》，王津、李林慧、余珍有、周兢、高曉妹、鄭荔、劉寶根著，周兢主編，二〇一七年，天衛文化。
- 《好想睡覺的小象》，卡爾－約翰・厄林（Carl-Johan Forssen Ehrlin）著，辛妮・漢森（Sydney Hanson）繪，崔宏立譯，二〇一七年，如何。

- Anat Scher (2001), "Attachment and Sleep: A Study of Night Waking in 12-Month-Old Infants", *Dev Psychobiol.*, 2001 May; 38(4): 274-285.
- Anat Scher (2008), "Maternal separation anxiety as a regulator of infants' sleep", *Journal of Child Psychology and Psychiatry* 49:6 (2008), pp 618-625.
- American Academy of Pediatrics, *The Changing Concept of Sudden Infant Death Syndrome: Diagnostic Coding Shifts, Controversies Regarding the Sleeping Environment, and New Variables to Consider in Reducing Risk*, Pediatrics, 2005 Nov; 116(5): 1245-1255.
- Carole J. Litt (1986), "Theories of Transitional Object Attachment: An Overview", *International Journal of Behavioral Development 9*(1986), 383-399.
- D. W. Winnicott (1953), "Transitional Objects and Transitional Phenomena-A Study of the First Not-Me Possession", *International Journal of Psycho-Analysis*, 34:89-97.
- Dement, W., & Kleitman, N. (1957),"The relation of eye movements during sleep to dream activity: an objective method for the study of dreaming", *Journal of experimental psychology*, 53(5), 339-346.
- Jenny Arthern and Anna Madill (1999), "How do transitional objects work? The therapist's view", *British Journal of Medical Psychology* (1999), 72, 1-21 Printedin Great Britain.

- John S. Hutton; Jonathan Dudley; Tzipi Horowitz-Kraus; Tom DeWitt; Scott K. Holland (2019), "Associations Between Screen-Based Media Use and Brain White Matter Integrity in Preschool-Aged Children", *JAMA Pediatr*. 2020;174(1):e193869. doi:10.1001/jamapediatrics.2019.3869
- Kristen Lavallee et al. (2011), "Early Predictors of Separation Anxiety Disorder: Early Stranger Anxiety, Parental Pathology and Prenatal Factors", *Psychopathology*, 2011; 44:354-361.
- Mindell J.A., Telofski L.S., Wiegand B., Kurtz E.S. (2009), "A Nightly Bedtime Routine: Impact on Sleep in Young Children and Maternal Mood", *Sleep*, May 1; 32(5): 599-606.
- Pamela C. High, Natalie Golova, Marita Hopmann (2014), *FAMILY RESOURCE: Sharing Books With Your Baby up to Age 11*, American Academy of Pediatrics.
- Renata Gaddini (1975), "The Concept of Transitional Object", *Journal of the American Academy of Child Psychiatry*, Volume 14, Issue 4, Autumn 1975, Pages 731-736.
- Wood, B., Rea, M. S., Plitnick, B., & Figueiro, M. G. (2013), "Light level and duration of exposure determine the impact of self-luminous tablets on melatonin suppression", *Applied Ergonomics*, 44(2), 237-240.

- 建議用輕柔聲音的玩具吸引寶寶（如音樂鈴、沙鈴），對著寶寶自言自語，模仿寶寶的聲音。

驚嚇反射（睡著時常無故嚇醒或哭醒）

- 約 1 個月大時最明顯，半歲左右會消失。這是腦神經發育尚未成熟及分化完成，大腦動作區在睡覺時無法完全關機休息。
- 建議適度使用包巾，減少寶寶因為驚嚇反射而醒來的情形。

親子同床或獨睡嬰兒床都是「安全第一」

- 避免趴睡或用繩子把奶嘴綁在寶寶身上。
- 建議讓寶寶穿著合身包衣或防踢被。
- 避免在嬰兒床附近抽菸。照顧者有喝酒、長期服用鎮定類藥物或睡眠異常行為，不建議與寶寶同床。

成為看圖說故事達人

- 指著書中的圖片，告訴寶寶那是什麼。
- 唸故事書時建議用豐富的表情、高高低低的語調變化或大小聲量。閱讀中可以模仿寶寶發出的聲音，表示你在意寶寶的感受。
- 若是睡前共讀，挑選視覺遊戲書，運用平穩溫和的語調，一邊述說圖像內容，一邊輕撫寶寶，幫助寶寶準備入睡。

新生兒到底在哭什麼？

- 暫停一下，觀察寶寶為什麼哭泣，猜猜他們需要什麼，提供給他們。
- 用很簡單的字說出你的猜測，而且一次只說一個。
- 講出猜測後，一邊提供照護，一邊觀察寶寶的表情與反應。

0～3 個月 睡眠啟蒙期

睡眠發展模式

- 從睡飽吃又吃飽睡的多段式睡眠發展為有一段約 4-6 小時的較長睡眠，一天中多數時間都在睡覺。
- 新生兒睡眠個別差異大，建議依個別狀況調整。

睡眠長度

- 第 1 周較無固定規律。第 2 周後，醒著的時間開始變多。
- 第 3-4 周每日總睡眠約 16-19 小時，一天內有多次片段睡眠。
- 2-3 個月的每日總睡眠約 15-18 小時，一天內可能有 5-6 次以上的片段睡眠，每段平均 2-4 小時不等。
- 2 個月後，夜間睡眠開始拉長，有可能可以連續睡 4-6 小時以上。

做夢非常重要

- 新生兒有 50% 以上的睡眠時間在做夢，3 個月大的寶寶有約 40%，做夢時大腦正在整理及成長，非常重要。
- 褪黑激素在第 6 周至約 3 個月大才開始增加，寶寶很可能分不清晝夜。
- 建議白天多照太陽及活動，讓寶寶知道現在是白天，逐漸減少白天的睡眠長度；到了傍晚，尤其是睡前則調暗燈光，形成天黑與關燈就是要睡覺的連結。

無微不至期

- 寶寶自我感覺良好，需要無微不至的照顧（生理需求的立即滿足，心理需求的立即回應）。
- 寶寶會想透過吸吮、抓握、ㄧㄧㄚㄚ的聲音和爸媽互動。

環境差異。

- 不哭法寶：固定間隔時間餵奶，減少因安撫而餵奶，並建立哭以外的表達方式。
- 安撫妙招：抱著嬰兒時輕微左右搖晃，或是陪在他身邊並輕輕撫摸他。

找到睡眠暗號

- 每個寶寶有獨特習慣與偏好，無法套用相同標準，需要透過試誤法、仔細觀察與不斷嘗試，找到專屬的睡眠暗號與疲累訊號。
- 一旦熟悉了寶寶的睡眠暗號，再配合安撫入睡的儀式，就能讓寶貝擁有較穩定的睡眠。

書是用來看的

- 指著書中的圖片告訴寶寶那是什麼，並加上簡單手勢。
- 扮演一個好的輔助者，透過把書推向寶寶或與寶寶一起輕拍書中圖片，傳達出你想和寶寶互動。

寶寶從外星人開始變成地球人

- 寶寶還不是很明確知道「這是我的手手和腳ㄚㄚ，我可以控制它」，會好奇移動自己的手和腳。
- 寶寶會透過與爸媽的語言與肢體互動，感受你們的愛。
- 寶寶的各種感官經驗逐漸發展，開始探索。

4～7 個月 睡眠有感期

睡眠長度

- 每日總睡眠約 13-17 小時，白天有兩、三段或更多較明顯睡眠，可安排上午小睡 1 小時，下午睡 1-2 小時；如果需要其他小睡，建議短於半小時，養成主睡眠集中在夜晚的習慣。
- 扣除小睡，夜晚主要睡眠漸漸集中，約 11-14 小時，但仍會多次醒來。
- 夜晚的褪黑激素開始增加，是夜眠開始穩定的分水嶺，日夜規律性漸漸形成。

過渡客體期

- 嬰兒要從無微不至的媽媽身上分化開來，可以開始找安撫物（過渡客體）取代，可在嬰兒喝奶時將舒服感與安撫物配對，建立情感與記憶。
- 建立安撫物陪睡並不容易，不用太焦慮或自責，輕鬆一點很重要。

開始探索外在世界的好奇寶寶

- 對寶寶無微不至的照顧，需要隨著寶寶的日漸長大而逐漸撤退。
- 寶寶開始學習和爸媽一點一滴分開，但內心仍想和爸媽很親近，心理上需要好好安撫。
- 挑選安全合適的安撫物，讓寶寶可以帶著它、抱著它、感受它，從中獲得安撫。

夜哭：嬰兒的夜間情緒管理

- 夜哭是寶寶和爸媽溝通的方式。
- 可能原因：肚子餓、尿布溼、身體不適、需要安撫、先天氣質以及

- 建議以「消極但正向心態」面對，告訴自己「雖然現在無法睡過夜，不過沒關係，總有一天會等到」。

養成良好的睡前儀式

- 依照「安撫入睡 4R 原則」（安撫資源、減少刺激、安靜活動、固定一致）挑選睡前儀式。
- 寶寶開始有較多語音，也能回應照顧者了，睡前儀式可強調與照顧者的語音互動，如看書、說故事、唱歌、唱安眠曲、說親密話等。

模仿是學習與互動的好途徑

- 建議運用語言豐富書中圖片的描述，比如一張狗的圖片，可以說「狗狗，大大的狗狗，汪汪汪」。
- 互動時，建議模仿幼兒的動作，並將幼兒一一丫丫的語音，當作他們正在對你說話，給予回應，這能讓幼兒感覺受到你的關注。
- 睡前共讀時，可一起看內含生活物品或動物書，並唱歌，再告訴幼兒書中的動物和物品都去睡覺了，我們也準備睡覺了。

分工合作才是美好的家庭生活

- 幼兒有機會連睡 2-3 小時才醒來，建議爸媽分工合作，分別顧前、後半夜，讓彼此有連續睡 5-6 小時的可能性，才有足夠的機會補足核心睡眠（深層睡眠）。
- 最簡單的原則是媽媽顧小孩，爸爸顧媽媽！

8～12 個月　睡眠分界期

睡眠長度

- 每日總睡眠約 12-16 小時，白天會有兩段較明顯的睡眠，建議上午安排 1-2 小時，下午安排 1-2 小時。夜晚主睡眠約 10-14 小時。

夜間主睡眠拉長

- 褪黑激素逐漸穩定，主睡眠已可集中在晚上，讓主睡眠能夠好好入睡與睡過夜成為最主要的任務，可開始設計幼兒專屬睡前儀式。

較為完整的睡眠循環周期

- 由於腦部正在快速成長和發育，睡著時有高達 30% 的做夢睡眠（成人約 20%）。
- 做夢睡眠是「記住要記住的，丟掉不要記住的」，請讓小孩好好做夢，不要以為他們眼睛動來動去是清醒就叫醒小孩。

相互回應期

- 為了協助幼兒順利發展出自我，建議多和幼兒一起玩，並透過安撫語言與擁抱滿足他們的情感需求。擁抱可以改善焦慮、促進睡眠。
- 「陌生人焦慮」雖然是正常的發展現象，但同樣會影響幼兒的內心感受與睡眠品質。
- 建議告知家人與朋友幼兒正處於「陌生人焦慮」期，接近時的音量與動作都要放緩變慢，並在幼兒緊張、害怕或拒絕時，予以同理、接納與安撫。

睡過夜不用急

- 嬰幼兒 1 歲前無法睡過夜很常見。

醒，對發作較無記憶，可以繼續睡。

- 通常原因：作息變動而使睡眠不足與被剝奪、過度疲勞或亢奮使身體疲累、身體發燒及不適，也可能是遺傳。
- 夜驚的小小孩往往對安撫沒有反應，爸媽不必叫醒也不需詢問，只要待在他們身邊確保安全。同時協助建立規律作息，保持睡眠時間的充足。

睡前儀式 2.0 版，小孩創意加上爸媽的愛

- 建議在睡前儀式中加入共同閱讀，並以「3 個向量原則」，從外到內、從亮到暗、從動到靜，調整出專屬於寶貝的睡前儀式。

共讀時，以簡單短句促進語言學習

- 喜歡重複閱讀同一本書，很喜歡展現他們可以猜到下一頁是什麼。建議運用豐富的表情和高低語調，展現你也很喜歡這本書。
- 可運用書中圖片並透過簡單的提問，引導小小孩對自身或環境有更多認識。
- 透過詢問固定的問題（認知書），聽同一首歌謠（有聲書），固定有順序的操作模式（可操作繪本書），幫助小小孩準備就寢前的睡前共讀。

爸媽有機會睡過夜了！

- 讓另一半或其他家人成功擔任陪睡員的原則是：睡前儀式「容易複製＋貼上」、「主要照顧者的再保證」、「加入一點獨特性」與「愈早開始練習愈好」。

1～2歲 睡眠進化期

睡眠長度

- 每日總睡眠約 11-14 小時，主睡眠已可集中在晚上且拉長，約 9-13 小時。
- 仍需要 1-2 次、以下午為主的白天午睡。

睡眠退化是為了更大的進化

- 可能會因為各種狀況而導致夜間睡眠偶爾不穩，不用太焦慮。一來通常只是暫時性的，二來多數狀況的成因都是正常的生理或心理發展。

固定時間及長度的午睡＝爸媽找回生活品質的關鍵

- 可能不需要上午的小睡，如果需要，建議安排半小時即可。
- 下午建議在固定時間安排 1-2 小時午睡，但不要睡太長，以免影響夜晚睡眠品質。

分離安全期

- 「物體恆存」概念尚不穩定，以為「看不見就等於不存在」，若爸媽離開視線範圍會緊張，產生分離焦慮。但一旦了解爸媽會再回來，就能提升小小孩對他人與環境的控制感。
- 建議清楚告知你的離開或回來，讓他們有心理預期，不要偷偷離開或難分難捨。並安排規律的活動，讓小小孩知道你什麼時候會陪自己玩。

夜驚不要怕

- 容易在入睡後 1-4 小時發生，常伴隨尖叫、驚恐，通常不會完全清

惡夢不再來

- 多發生在睡眠下半夜。常伴隨擔心、害怕、哭泣，通常會醒來並記得夢境，並因害怕而難以再入睡。
- 建議作息保持規律、白天適時放輕鬆、睡前減少刺激，同時善用安撫與轉移法。

兒童睡眠呼吸中止症

- 可能徵狀：打呼聲不斷，容易流鼻涕、鼻塞，習慣用嘴呼吸，夜間易醒，尿床次數增加。
- 常見原因如鼻塞、扁桃體及腺樣體肥大、肥胖。

不想去睡覺……

- 捨不得結束玩樂、有害怕、睡覺過程有不適，都可能是小孩不想去睡的原因。
- 睡眠訓練要依照自己及小孩的特性來變化，全家人的觀念要一致，並減少和避免懲罰。

讓閱讀更活潑

- 孩子喜歡聽重複的故事和扮演，請陪伴一起演。他們會主動分享故事和生活、愛問問題，請保持好奇與耐心。
- 建議模仿書中人物或動物的動作，運用書中角色與劇情練習扮演與對話，讓閱讀更活潑有趣，更充滿互動。
- 睡前共讀時，可挑選睡覺相關繪本，協助孩子藉由重複的韻律文字和可模仿的動作，逐漸準備休息。

2～4 歲 睡眠穩定期

睡眠長度

- 每日總睡眠約 10-13 小時，夜晚主睡眠約 9-12 小時。

找到午睡節奏

- 大多已不需要上午的小睡，但下午仍建議安排 1-1.5 小時午睡，並在 3-4 點前完成。
- 善用午睡除了能當作睡眠不足的充電時間、加強夜晚好眠，還可成為最佳的生活銜接。

轉變就是穩定的開始

- 睡眠情況可能因為進入托嬰或幼稚園而受到影響。如白天的環境變動與不同作息、睡前活動的變動、得為了早起而早睡等，小孩可能想要父母多多陪伴。
- 建議假日的午睡作息和上學時同步，並在就寢前進行固定的睡前儀式，或安排一段放鬆和抱抱時光，幫助小孩說出心裡的感受。

感受找找期

- 小孩開始學習與照顧者長時間分離，練習團體生活，內心會產生許多感受。
- 建議帶著小孩用簡單的話說出心情，就算只是模仿也沒關係，如「我好開心」、「我好生氣」。或是透過問問題、給選項，協助小孩自行表達。
- 可透過生活安排結構化（上廁所的步驟固定、奶嘴使用時間與擺放位置固定），讓小孩感到穩定。可準備不同安撫物以補充安全感。

- 建議白天不要憋尿與水量控制、晚餐不要吃太鹹、睡前提醒如廁。半夜若熟睡，以不喚醒或一次為限。為了減輕小孩的心理壓力可使用尿布，少責罵、多鼓勵。

兒童賴床不是罪

- 入睡及睡眠維持狀態已經定型，賴床又很難叫醒有以下四種可能：生理時鐘傾向、時間觀念剛建立、不想上學、睡眠不足。
- 建議起床前 15-30 分鐘拉開臥室窗簾，使用陽光喚醒法；或在起床時間前 10 分鐘關掉風扇、冷氣，利用適度的熱協助喚醒，同時建立準時的概念、彈性善用獎勵策略。

繪本主題趣味多，問題解決多更多

- 尊重孩子想要的共讀方式，不論是孩子選擇講故事、角色扮演、各自閱讀，都予以接納與陪伴。
- 運用故事情節延伸出更完整的假扮遊戲細節，並透過問答提升孩子的情緒理解與問題解決策略。
- 挑選「睡覺」主題繪本，透過孩子講故事的過程，讓他建立自己的睡前儀式，並在共讀中克服對黑暗、怪物的恐懼，自我安撫。

使用 3C 不心慌

- 兩項設計：設計無 3C 產品時間、設計無 3C 產品空間。
- 兩項避免：避免將 3C 電子產品當作安撫孩子情緒的手段、避免將每日使用 3C 產品的時間放在睡覺前。

4～6 歲 睡眠常態期

睡眠長度

- 每日總睡眠約 10-13 小時。愈接近 6 歲，每日總睡眠可能縮短至 9-12 小時。夜晚主要睡眠約 8-12 小時不等，視有無午睡而定。

午睡好重要

- 建議午睡。合適的午睡對於記憶鞏固與學習有很大的幫助。較能銜接幼兒園的作息。

分房不容易

- 得挑戰獨處並面對不可控制的環境（如黑暗）的孩子往往因此緊張，爸媽也有很多擔心，很難放手。
- 建議透過增加安全感、安排睡前儀式等方式協助孩子克服緊張。同時針對睡前環境做準備、夜間如廁訓練，協助爸媽克服擔心。

感受可控期

- 放學後回家要處理的事務變多、變雜，除了有可能壓縮到睡眠時間，也仰賴孩子良好的注意力運作能力。
- 建議協助安排優先順序與設計各種提示，妥善運用圖畫、便利貼、倒數計時器。
- 學校裡的人際相處有可能引發情緒陪伴需求，爸媽需要仔細觀察，並利用吃飯、洗澡、玩玩具時間，兼顧聊天與情緒需求。

尿布不溼溼

- 尿床的生理原因包括淺睡時尿量增加、深睡時睡太深或大腦覺醒中樞異常、遺傳因素或生理疾病，心理原因則如心理壓力。

CARE 054

0～6歲好眠全指南：搞定小孩子，爸媽好日子

作　　者—吳家碩、王佑筠
主　　編—邱憶伶
責任編輯—陳詠瑜
行銷企畫—林欣梅
封面插畫—丁郁芙
封面設計—FE設計
內頁圖像—廖于婷
內頁設計—張靜怡

編輯總監—蘇清霖
董 事 長—趙政岷
出 版 者—時報文化出版企業股份有限公司
一〇八〇一九臺北市和平西路三段二四〇號三樓
發行專線—（〇二）二三〇六—六八四二
讀者服務專線—〇八〇〇—二三一—七〇五
（〇二）二三〇四—七一〇三
讀者服務傳真—（〇二）二三〇四—六八五八
郵撥—一九三四四七二四時報文化出版公司
信箱—一〇八九九臺北華江橋郵局第九九號信箱

時報悅讀網—http://www.readingtimes.com.tw
電子郵件信箱—newstudy@readingtimes.com.tw
時報出版愛讀者粉絲團—https://www.facebook.com/readingtimes.2
法律顧問—理律法律事務所　陳長文律師、李念祖律師
印　　刷—盈昌印刷有限公司
初版一刷—二〇二〇年十月十六日
初版二刷—二〇二二年九月十三日
定　　價—新臺幣三九〇元
（缺頁或破損的書，請寄回更換）

時報文化出版公司成立於一九七五年，
一九九九年股票上櫃公開發行，二〇〇八年脫離中時集團非屬旺中，
以「尊重智慧與創意的文化事業」為信念。

0-6 歲好眠全指南：搞定小孩子，爸媽好日子／
吳家碩、王佑筠著 . -- 初版 . -- 臺北市：時報
文化 , 2020.10
288 面；14.8×21 公分 . --（Care 系列；54）
ISBN 978-957-13-8365-1（平裝）

1. 育兒　2. 睡眠

428.4　　109013356

ISBN 978-957-13-8365-1
Printed in Taiwan